汽车维修行业环境保护技术指南

Technology Guidelines for Environmental Protection of Vehicle Maintenance and Repair Industry

孙晓峰 蒋彬 于波 主编

化学工业出版社
·北京·

内 容 提 要

本书共分7章，内容包括汽车维修行业发展现状与趋势、汽车维修行业工艺及产排污情况、国内外汽车维修行业环保政策和标准、汽车维修行业环境保护技术、汽车维修行业环保技改案例、典型地区汽车维修行业环境管理经验、汽车维修行业环境保护建议。本书还附录了与汽车行业环境保护相关的部分法律法规与规章制度等。

本书适合汽车维修行业及环境保护行业的管理人员、技术人员阅读，也可供高等院校相关专业师生参考。

图书在版编目（CIP）数据

汽车维修行业环境保护技术指南/孙晓峰，蒋彬，于波主编. —北京：化学工业出版社，2020.8

ISBN 978-7-122-37146-1

Ⅰ.①汽… Ⅱ.①孙…②蒋…③于… Ⅲ.①汽车-车辆修理-环境保护-指南 Ⅳ.①X734.2-62

中国版本图书馆CIP数据核字（2020）第092910号

责任编辑：左晨燕　　装帧设计：李子姮

责任校对：赵懿桐

出版发行：化学工业出版社（北京市东城区青年湖南街13号　邮政编码100011）

印　　装：涿州市般润文化传播有限公司

787mm×1092mm　1/16　印张15　字数265千字　2020年9月北京第1版第1次印刷

购书咨询：010-64518888　　售后服务：010-64518899

网　　址：http://www.cip.com.cn

凡购买本书，如有缺损质量问题，本社销售中心负责调换。

定　　价：85.00元

《汽车维修行业环境保护技术指南》编委会

主　　　编：孙晓峰　蒋　彬　于　波

副　主　编：程言君　孙　慧　宁　可

其他参编人员：（按姓氏笔画排序）

王　靖　邓　靖　代秀琼　孙　森　李　纯

李晓丹　杨　哲　邹　静　张　雷　张佟佟

耿航芳　高　山　薛鹏丽

前言 —— PREFACE

中国已经连续八年成为世界机动车产销第一大国，目前全国机动车保有量接近3.5亿辆；其中，汽车保有量达到2.6亿辆，共有44万家汽车维修企业。汽车维修是汽车产品全生命周期中的重要环节，汽车维修企业在为消费者提供便捷服务的同时，产生的废气、废水、危险废物等环境问题不容忽视。

当前，国家把治理大气污染和改善生态环境作为经济社会发展的重要突破口。随着《大气污染防治行动计划》《“十三五”挥发性有机物污染防治工作方案》等环境政策方案的强化实施，相关管理部门对汽车维修行业工艺升级、污染减排、绿色发展提出了越来越高的要求，对汽车维修企业的硬件设施、生产工艺、污染控制等方面进行了规范。

本书深入分析了汽车维修行业工艺及产排污情况，系统梳理了国内外汽车维修行业环保政策标准和适用的环境保护技术。结合汽车维修企业技术改造案例，介绍了环保技术的相关环境效益和经济效益。并基于现有环境管理和实践，提出了汽车维修行业环境保护建议，促进汽车维修行业绿色技术推广，实现可持续发展。

参与本书编写的有长期从事汽车维修行业环境保护政策标准研究的专家，有长期从事汽车维修技术研发和行业管理的研究人员，也有长期工作在一线的专业技术人员，这样的作者群确保了本书的质量和水平。本书由轻工业环境保护研究所、中科国清（北京）环境发展有限公司、中华环保联合会VOCs防治专委会汽车维修工作组、北京汽环联环保科技有限公司、四川蓝雨禾环保科技有限公司、广州市宝中宝环保设备有限公司、北京节能环保中心相关技术和管理人员共同完成。

在本书编写过程中，北京市汽车维修行业协会侯金凤、北京市固体废物和化学品管理中心杨候剑为本书提供了技术支持，在此表示感谢。本书在出版过程中得到了化学工业出版社有关领导的高度重视和支持，责任编辑和其他相关工作人员为此书的出版付出了辛勤的劳动，在此一并表示诚挚的谢意。

限于作者水平有限，不足之处在所难免，敬请读者批评指正。希望本书能有助于汽车维修企业提升污染防治技术水平，推动汽车维修行业健康、绿色发展。

编者

2020年2月

目录 —— CONTENTS

第 1 章
汽车维修行业发展现状与趋势

1.1 汽车维修行业发展现状

1.1.1 机动车保有量逐年增加

世界汽车组织统计数据显示，截至 2015 年末，全球汽车保有量 128226.96 万辆，比上年增加 4738.29 万辆，同比增加 3.8%，增速较上年放缓 0.4 个百分点。

2015 年末，美国汽车保有量居世界第一位，达到 26419.44 万辆，占世界汽车保有量的 20.60%；比 2014 年增加 616.74 万辆，同比增长 2.4%，占世界汽车总保有量增量的 13.02%。

世界部分国家汽车保有量变化情况如表 1-1 所示。

表 1-1 世界部分国家汽车保有量变化情况 千辆

序号	国家	2010 年	2011 年	2012 年	2013 年	2014 年	2015 年
1	美国	248232	248932	251497	252715	258027	264194
2	中国(大陆)	78018	93563	109220	126701	145981	162845
3	日本	75361	75513	76126	76619	77188	77404
4	俄罗斯	40661	42862	45422	48132	50500	51355
5	德国	45262	45984	46538	47015	47648	48427
6	巴西	32110	34710	37331	39771	41787	42743
7	意大利	41650	42067	42000	41830	41946	42242
8	法国	37744	38067	38138	38200	38408	38652
9	英国	35479	35632	35761	36468	37113	38220
10	墨西哥	30482	31965	33293	34870	35754	37354
11	印度	17950	20113	22622	24826	26510	28860
12	西班牙	27513	27596	27481	27155	27115	27463
13	波兰	20459	21253	22173	22850	23448	24250
14	加拿大	21231	21616	21705	22334	22850	23215
15	印尼	15829	16762	17992	19386	21233	22513
16	韩国	17942	18437	18870	19401	20118	20990
17	澳大利亚	15401	15190	16032	16436	16853	17201
18	泰国	10600	11532	12749	14005	14824	15491
19	土耳其	11266	12062	12827	13651	14373	15361
20	伊朗	9181	10347	11513	12679	13360	14130
21	阿根廷	10116	10959	11477	12457	13376	13736
22	马来西亚	10253	10900	11573	11809	12589	13309

2017 年，我国机动车保有量达到 3.101 亿辆，其中汽车 2.17 亿辆（含新能源汽车 153.0 万辆）。纳入《中国机动车环境管理年报（2018）》统计的机动车包括汽车（微型客车、小型客车、中型客车、大型客车、微型货车、轻型货车、中型货车、重型货车）、低速汽车、摩托车，不含挂车、上路行驶的拖拉机等，总计 29836.0 万辆。其中汽车 20816.0 万辆，低速汽车 820.0 万辆，摩托车 8200.0 万辆。

我国汽车保有量变化情况如图 1-1 所示。

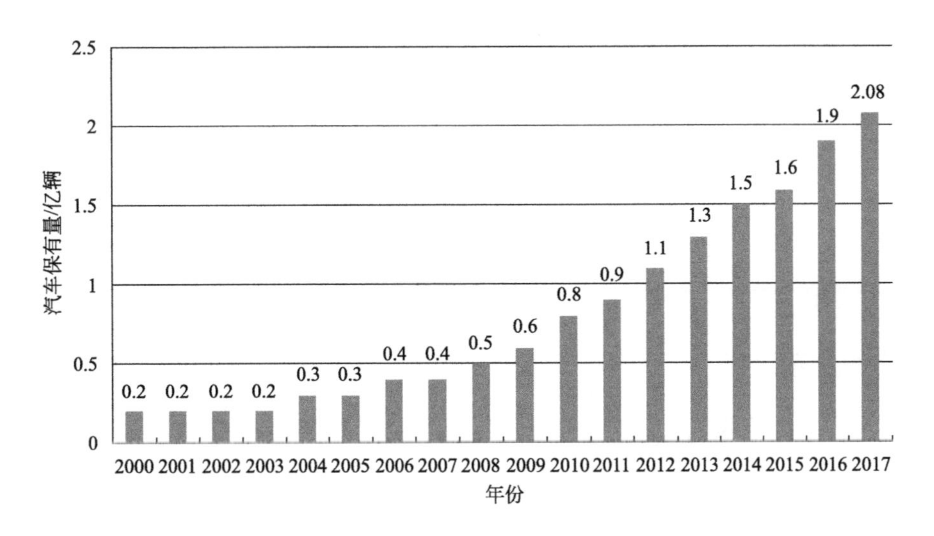

图 1-1　我国汽车保有量变化情况

截至 2019 年 3 月底，全国机动车保有量达 3.3 亿辆，其中汽车达 2.46 亿辆，驾驶人达 4.1 亿人，机动车、驾驶人总量及增量均居世界第一。

2017 年，我国部分省份民用汽车保有量情况如图 1-2 所示。2017 年底，我国共有山东、广东、江苏、浙江、河北、河南六省民用汽车保有量达到千万辆级别，分别为 1929.55 万辆、1894.22 万辆、1612.82 万辆、1395.8 万辆、1387.21 万辆和 1274.45 万辆。

截至 2017 年 12 月，我国汽车保有量超过 200 万辆的城市如图 1-3 所示。

2018 年以来，我国汽车市场下滑，是长期趋势和短期因素共振的结果，也是市场自身因素和宏观经济因素叠加的结果。从短期看，随着市场逐步恢复，预计 2020 年市场降幅将明显收窄，乐观情景下有望实现正增长。从中长期看，尽管我国汽车消费正在从中高速增长阶段转向中低速阶段，但是汽车销量依然处于 4%～5%的潜在增长区间，未来仍有较大增长空间。有关专家预测，10 年以后，我国汽车总保有量将达 4.1 亿辆，新车年产销规模将达 3300 万辆。

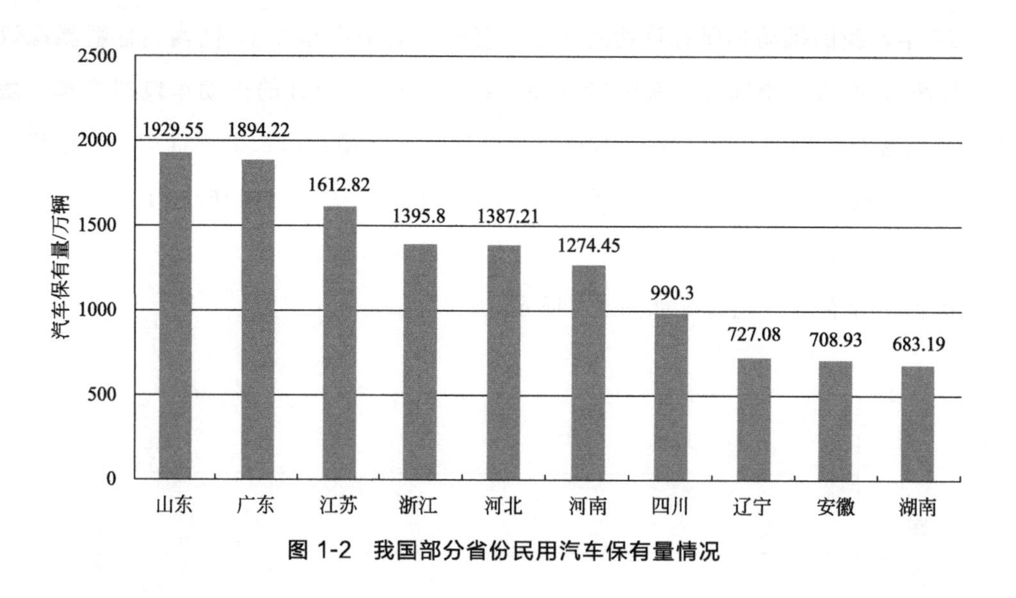

图 1-2 我国部分省份民用汽车保有量情况

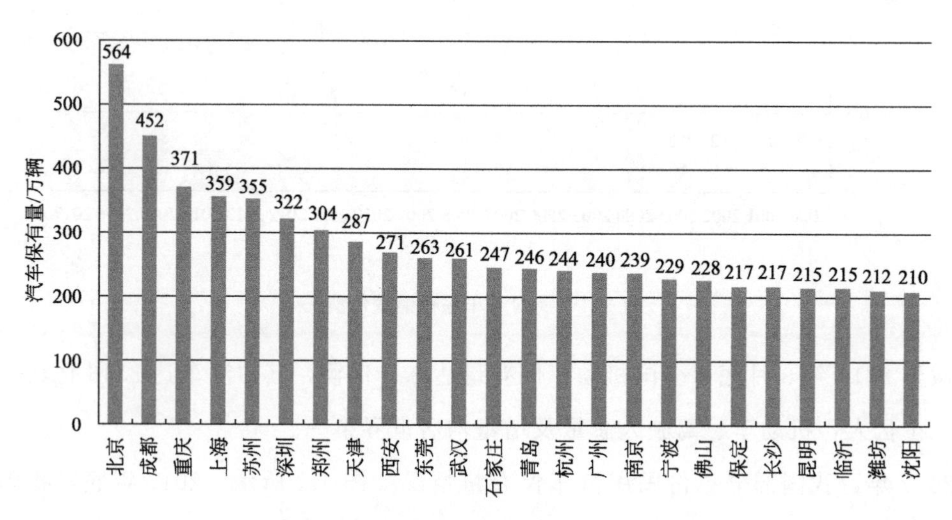

图 1-3 我国汽车保有量超过 200 万辆的城市

1.1.2 汽车维修市场需求旺盛

随着汽车工业的飞速发展，中国汽车维修业也得到了快速发展。在计划经济年代，由于车辆主要集中在运输企业中，汽车维修主要附属于运输企业，独立的汽车维修企业非常少。改革开放以后，中国的车辆分布发生了本质的变化，车辆的社会化和私家车的大量发展使汽车维修业走向社会化，并促使汽车维修业从产品型行业向服务型行业转变，按照市场化的要求，形成了一个社会化的、资金和技术密集型的、相对独立的行业。

按照《汽车维修业开业条件 第 1 部分：汽车整车维修企业》（GB/T 16739.1—

2014)、《汽车维修业开业条件　第 2 部分：汽车综合小修及专项维修业户》（GB/T 16739.2—2014）的规定，汽车维修企业根据经营项目和服务能力分为可从事一类维修或者二类维修业务的整车维修企业和可从事三类维修业务的汽车综合小修及专项维修业户。

汽车整车维修企业是指有能力对所维修车型的整车、各个总成及主要零部件进行各级维护、修理及更换，使汽车的技术状况和运行性能完全（或接近完全）恢复到原车的技术要求，并符合相应国家标准和行业标准规定的汽车维修企业。按规模大小分为一类汽车整车维修企业和二类汽车整车维修企业。

汽车综合小修业户是指从事汽车故障诊断和通过修理或更换个别零件，消除车辆在运行过程或维护过程中发生或发现的故障或隐患，恢复汽车工作能力的维修业户。汽车专项维修业户是指从事汽车发动机维修、车身维修、电气系统维修、自动变速器维修、轮胎动平衡及修补、四轮定位检测调整、汽车润滑与养护、喷油泵和喷油器维修、曲轴修磨、气缸镗磨、散热器维修、空调维修、汽车美容装潢、汽车玻璃安装及修复等专项维修作业的业户。

近年来，随着我国汽车保有量持续增加，维修需求进一步增长，维修服务与城市运行、经济发展和人民群众生活质量的关联程度愈加紧密。据预测，随着汽车保有量的持续增长，2020 年我国维修市场需求规模将再翻一番，维修产值有望超过 1 万亿元。

根据交通部公布的数据显示，截至 2016 年底，全国共有机动车维修企业数量 62 万家，从业人员近 400 万人，完成年维修量 5.3 亿辆次，年产值达 6000 亿元以上。我国汽车维修企业数量变化情况如图 1-4 所示。

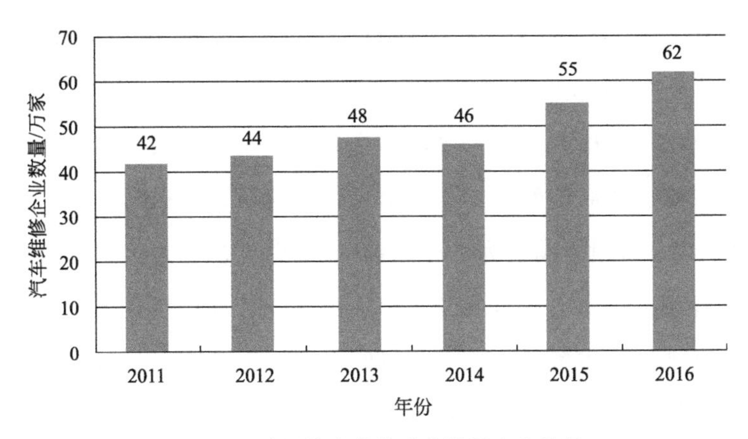

图 1-4　我国汽车维修企业数量变化情况

从维修企业类型划分：

一类维修企业包括汽车品牌授权的 4S 店以及一些规模较大的汽车维修企业，占维修企业总量的15%～20%。

二类维修企业包括部分4S店所设立的维修服务网点，以及具备一定规模和技术水平的维修企业，占到总量的25%～30%。

三类维修企业就是规模较小，技术水平较低的维修企业，占到总量的50%～60%。

1.2 汽车维修行业发展趋势

1.2.1 规模化、协作化的连锁经营模式

《机动车维修管理规定》中规定，任何单位和个人不得封锁或者垄断机动车维修市场；鼓励机动车维修企业实行集约化、专业化、连锁经营，促进机动车维修业的合理分工和协调发展。鼓励推广应用机动车维修环保、节能、不解体检测和故障诊断技术，推进行业信息化建设和救援、维修服务网络化建设，提高机动车维修行业整体素质，满足社会需要。

连锁经营由于其独具的经营特点，越来越被机动车维修经营者所看重，成为机动车维修行业经营方式的发展方向。鼓励机动车维修企业实行连锁经营成为现阶段行业发展的一项政策。

发展连锁经营具有很多优势：有利于发展大流通，带动大生产；有利于优化流通业结构，整合和有效利用现有市场资源，向用户提供质优价廉、方便快捷的服务；有利于提高市场的组织化程度，实现经营行为的标准化和规范化，净化市场环境；有利于扩大经营规模，提高企业的国际竞争力。并且，连锁经营模式由于投资少、市场占有份额多，配件和维修技术可以由总部统一供应和指导，资金周转快，昂贵的检测诊断设备可以共享等原因，快修连锁店经营成本必然降低，这就保证可以从客户的立场出发，坚持“以客户服务为中心，以顾客满意为关注焦点”，吸引更多客户，投资风险大大降低。各分店在总部统一管理下按照分散自主经营、集中统一管理、统一采购配送物品的方式经营运作，由于拥有维修技术资料、技术人员的保障，配件来源相对稳定畅通，业务量充足，加之统一收费标准、统一形象、统一管理，必将增强企业诚信度和社会认知度，提升企业市场竞争力。

世界上快速连锁经营发展的模式有很多，例如：上海市，以一个一类汽车维修企业为核心，辐射至少六个快修企业的快修连锁模式；浙江省和青岛市，以省或市为组织

者，整合原有的二类企业，以五个统一的模式所形成的快修连锁模式；北京市，大型企业建立子公司而形成的快修连锁模式；德国博世采取现有企业加盟的模式，已在中国建立500多家汽车维修店；美国通用汽车集团下属的维修连锁企业AC德科数年前就进入中国，已在国内主要城市布局，并立志成为华东汽车快修的龙头老大；3M在中国则将其8000种汽车售后产品覆盖到700家特约美容店、6000家汽车维修厂和4S销售中心；德国的伍尔特集团在中国100多个城市建立起销售服务网络，致力于汽车后市场服务等。

1.2.2 汽车维修行业准入门槛逐步提高

在我国传统的汽车维修企业中，维修人员的文化水平、理论基础、外语水平都较低，传统的培训大都采用师傅带徒弟的模式，很难达到机电一体化、懂电脑、会外语的现代维修技术人员的水平。随着汽车高科技的发展，从事汽车维修服务的技术人员，必须具备高科技的素质，除了具有扎实的汽车专业理论外，还需要熟练掌握各种汽车检测设备与仪器，能掌握一门外语，能熟练使用电脑分析及汽车维修专业互联网查询汽车维修资料，对出现的各种疑难杂症进行分析，达到准确判断，以最低的成本、最短的工时、最优质的服务，熟练排除各类汽车故障，使车主满意。因此，汽车维修业将通过强化和提高汽车维修人员培训考核制度、汽车维修企业业主经营资格审核制度来严格市场准入制度，将十分重视汽车维修人员的培训考核，严格执行持证上岗，汽车维修人员都必须经过培训，在通过严格考核之后才能上岗，并且在被厂方录用之后，还要组织再培训；同时开始对汽车维修企业业主进行有关汽车维修法规和汽车维修方面的专业知识的培训。

随着国家和地方环境管理要求的日趋严格，汽车维修行业的环境准入门槛也逐步提高。交通运输部《关于全面深入推进绿色交通发展的意见》提出：积极推广“绿色汽修”技术，加强对废油、废水和废气的治理，提升汽车维修行业环保水平。《北京市新增产业的禁止和限制目录（2018年版）》规定：汽车、摩托车等修理与维护禁止新建、改建、扩建（色漆使用水性漆且喷漆和喷枪清洗环节密闭并配套废气收集处理装置的机动车维修除外）。禁止在居民住宅楼、未配套设立专用烟道的商住综合楼、商住综合楼内与居住层相邻的商业楼内，新建、改建、扩建产生油烟、异味、废气的机动车维修。

1.2.3 网络信息化建设将继续得以加强

随着汽车制造技术的不断发展，各种新工艺、新材料、新技术的采用对汽车维修业提出了许多更新、更高的要求。加强网络信息化建设，追踪高新技术、掌握高新技术、提供高质量的维修服务，已成为汽车维修企业的共识和追求的目标，只有这样才能在市场竞争中占据有利地位。同时，商务信息和互联网技术目前已成为现代汽车维修企业管理者的强大助手。车辆的进厂记录、维修过程记录、配件管理、财务管理、人事管理等已经实现计算机管理；有的品牌4S特约维修店和连锁经营快修店还实现了对维修现场的电视监控，通过四公开（公开维修项目、公开收费标准、公开修理过程、公开服务承诺），不仅提高了企业管理水平，也改善了企业服务质量。

1.2.4 依靠高新技术来增强行业竞争力

随着汽车新结构和新技术的不断采用，现代汽车的科技含量日益提高，不仅带动着汽车维修技术的飞速发展，而且也对汽车维修技术提出了更新、更高的要求。迫使汽车维修业必须依靠现代化的专业维修设备及检测诊断设备、依靠掌握了现代科学技术的专业人才来体现企业的竞争优势，而科技含量和附加值很低的汽车维修企业正在逐步被市场所淘汰。

重要的高新技术有故障诊断技术、机电液一体化技术等。其中，故障诊断技术是汽车维修技术研究的核心，也是汽车自动诊断系统研制的依据。“七分诊断，三分维修”，顶级轿车里如奔驰的高端车型有16个ECU（electronic control unit，电子控制单元），如果没有先进的检测设备与故障诊断技术，即使是经验丰富的修理人员，也是难以完成修理任务的，因此，故障诊断是汽车维修过程中十分关键的一步。而机电液一体化技术是汽车维修技术的主体，维修作业已由机械维修向机电液一体化维修的方向发展。汽车维修工不仅要会修车、有汽车专业理论知识，还要能够熟练操作各种先进的汽车检测设备与仪器，并能使用电脑进行一定的分析。

为了缩短汽车维修在厂车日，提高汽车维修质量，现有汽车维修企业的分工正在逐渐细化并朝着专业化、工业化的方向发展。例如：目前的轿车维修企业大多只作为直接为某单品牌轿车做售后技术服务的4S特约维修站；目前新成立的汽车维修企业大多只承担某专项汽车维修（专修汽车电控系统EFI、自动变速器，或者专门从事钣金、喷漆、动平衡与汽车美容等）。正是由于汽车维修服务的专业化，促使了汽车维修企业开始朝着工业化流水线作业的方向发展。

目前，钣喷业务占据了4S店收入的30％～40％，利润很高。在高利润的驱动下，跨界经营、无证经营、路边店等问题就开始出现。随着国家环保政策和监管日趋严格，小散乱污企业得以快速消减，行业优胜劣汰的进程得以加快，让行业朝着健康、有序的方向发展。随着VOCs污染防治工作的推进，水性漆推广将成为大势所趋，钣喷中心的经营模式也将得到快速推广。

1.2.5 汽车维修行业服务领域不断拓展

随着汽车维修服务需求不断扩大，客户对汽车维修相关服务的要求越来越高，内容越来越多，汽车维修企业积极向汽车产业链上下游延伸和扩大服务内容，包括汽车销售、汽车救援、二手车置换等。

例如汽车维修救援是对汽车维修业服务功能的有效延伸，成为汽车维修业发展的一个新的经济增长点；目前部分有实力的企业将二手车市场引进汽车维修企业，因为汽车维修企业在进行二手车交易时，不仅具有有资质的技术人员，同时依托企业中的先进维修检测设备对二手车进行科学的检测、评估与适当的翻新，并可提供翻新的二手车在交易后同新车一样的保修期。

此外，欧美国家的旧车交易量及维修量通常是新车交易量及维修量的 7 倍。因此，国外的旧车交易和旧车置换是以整车销售、零配件销售、汽车维修、技术服务（包括信息反馈、技术培训、旧车置换等）为主的 4S 品牌经营企业一体化服务的重要内容。在我国，新车交易市场的空前活跃也带动了旧车交易市场的快速发展。由于旧车经销商、卖主和买主在旧车交易时都希望能进行公正的车况检测和必要的维修翻新；而汽车维修企业正具备这种车况检测和维修翻新的能力，因此，旧车交易市场和旧车翻新市场必将引入汽车维修企业。

国外汽车厂家在产品制造上提出了零修理概念，售后服务的重点转向了维护保养。国外汽车厂家认为坏了就修还不是真正的服务，真正的服务是要保证用户的正常使用，通过服务给客户增加价值。国内的汽车维修企业也在逐步接受从修理为主转向维护为主的理念，进一步扩大维护保养类的业务范围。

1.2.6 行业应与新能源汽车发展相适应

新能源汽车的推广，不仅可以减轻对环境的污染，还可以缓解石油等不可再生能源的供应压力。然而，新能源汽车在运行过程中会出现各种各样的问题，并且是与传统燃油车截然不同的问题。新能源汽车维修与检测技术与传统燃油车的维修与检测技术有着较大的差别，所以为了能够适应新能源时代下的汽车维修，需要对自身维修技术以及检测技术进行必要的革新。目前，针对新能源汽车常见故障，维修关键技术主要应关注：

① 电池的维修；

② 驱动系统控制器的维修；

③ 气动故障的维修。

1.2.7 行业发展格局与城市发展相适应

汽车维修行业的发展应与城市发展相适应。汽车维修行业应加强调控维修网点布局和引导业态发展，实行专业规划、标准规范和政策指导相结合的方法，加强总量和布局调控。如《北京市打赢蓝天保卫战三年行动计划》提出：探索取消核心区、城市副中心重点区域汽车维修企业喷漆工序，鼓励在六环路外建立集中化钣喷中心，集中高效处理。2020年底前，完成全市一、二、三类汽车维修企业喷漆污染标准化治理改造，核心区、城市副中心重点区域的汽车维修企业退出钣金、喷漆工艺。因此，城市中心区将重点发展快修、养护和救援网点，依据标准规范引导三类专项维修业户向快修连锁转型，城市外围区重点布设综合性维修和特约维修网点，中心城内不再新设汽车专项维修点。

第 2 章
汽车维修行业工艺及产排污情况

2.1 汽车维修行业的特点

汽车维修行业的特点是由它的服务对象和维修特点决定的。汽车维修行业是公路运输的一个组成部分，为全社会的在用车辆提供服务。因此，它必然具备运输行业和技术服务性行业的一些特点。同时，汽车维修生产技术性强，工艺复杂，特别是汽车大修、总成大修作业，工艺更复杂。汽车维修行业主要有以下几方面特点。

（1）汽车维修行业是一个技术、劳动密集型行业

汽车是一种结构复杂、技术密集的现代化运输工具，也是一种对可靠性、安全性要求较高的行走机械。为了适应公路运输方式的需要，车辆的品种日益增加，新技术、新工艺、新材料也不断被采用，使车辆的结构也越来越复杂，这就决定了汽车维修行业的技术复杂性。从汽车维修涉及的工种看，需要发动机、底盘、电气、轮胎、喷漆等专业修理工种。因此，汽车维修行业也是一个劳动密集型的行业。

（2）社会分散性

汽车维修行业是为运输车辆服务的。汽车运输的特点是流动分散，遍布城乡各地。因而，汽车维修行业必然也会分布在社会各个角落，具有很大的分散性。尤其是从事汽车维护小修和专项维修的业户，这种分散表现得更为突出。同时，汽车维修的特点也决定了其企业的规模不可能过大，目前，我国汽车维修行业是以中小型企业为主。近年来，一些汽车维修企业通过连锁、加盟等方式，逐步向品牌化、标准化发展。

（3）市场的调节性

汽车维修行业是随着公路运输业和汽车制造业的发展而发展的，加之企业点多面广和专业服务的特点决定了该行业具有较强的市场调节属性。这就使一些小型汽车维修业户的稳定性很差。也就是说，根据市场的需要，维修业户开业、停业在动态变化中自行调节，使汽车维修市场的供求关系趋于平衡。

2.2 汽车维修行业工艺流程

汽车维修是汽车维护和修理的泛称。汽车维修企业指从事汽车修理、维护与保养、洗车服务的企业。汽车维护是为了维持汽车完好技术状况或工作能力而进行的作业，主要是对汽车各部分进行检查、清洁、润滑、紧固、调整或更换某些零件。其目的是保持车容整洁，随时发现和消除故障隐患，防止车辆早期损坏，降低车辆的故障率和小修频率。汽车修理是为了恢复汽车完好技术状况或工作能力和寿命而进行的作业，它是汽车有形磨损的逐步补偿，包括故障诊断、拆卸、鉴定、更换、修复、装配、磨合、试验、涂装等作业。其目的在于及时排除故障，恢复车辆的技术性能，节约运行消耗，延长其使用寿命。虽然汽车维护和修理的任务不同，性质不同，但它们都是以保证汽车安全运行，降低运输成本，提高运输效率，节约能源为目的。

根据《汽车维修业开业条件》（GB/T 16739—2014），汽车维修企业分为两类：汽车整车维修企业、汽车综合小修及专项维修业户；其中，汽车整车维修企业按规模大小又分为一类汽车整车维修企业和二类汽车整车维修企业；汽车综合小修及专项维修业户被归为三类汽车维修企业。具体分类情况和经营内容及场地规模如表 2-1 所示。

表 2-1　汽车维修企业分类表

类型	整车维修企业	汽车综合小修及专项维修业户
经营内容	对所维修车型的整车、各个总成及主要零部件进行各级维护、修理及更换	从事汽车故障诊断和通过修理或更换个别零件，消除车辆在运行过程或维护过程中发生或发现的故障或隐患，恢复汽车工作能力；从事汽车发动机维修、车身维修、电气系统维修、自动变速器维修、轮胎动平衡及修补、四轮定位检测调整、汽车润滑与养护、喷油泵和喷油器维修、曲轴修磨、气缸镗磨、散热器维修、空调维修、汽车美容装潢、汽车玻璃安装及修复等专项维修作业
场地规模	生产厂房面积：一类企业不少于 800m^2，二类企业不少于 200m^2。 停车场面积：一类企业不少于 200m^2，二类企业不少于 150m^2	专项维修的内容不同，规模也不一样： 轮胎动平衡及修补生产厂房面积≥15m^2； 喷油泵和喷油器维修、散热器维修、汽车玻璃安装及修复生产厂房面积（单项）≥30m^2； 四轮定位检测调整、汽车润滑与养护、空调维修、汽车美容装潢生产厂房面积（单项）≥40m^2； 曲轴修磨、气缸镗磨生产厂房面积（单项）≥60m^2； 自动变速器维修生产厂房面积≥200m^2； 车身维修、电气系统维修生产厂房面积（单项）≥120m^2； 其他生产厂房面积（单项）≥100m^2；停车场面积≥30m^2

汽车维修作业主要为检修、装配、喷烤漆等工序，汽车保养作业主要为检查、配件更换等工序，具体工艺流程分别如图 2-1、图 2-2 所示。

汽车维修工艺流程说明：待修的汽车进厂后先进行检查，然后送往维修车间。根据不同的故障和问题进行拆除，对拆除的零部件进行修复和更换；对于需要进行表面修复的车辆先进入钣金车间修理，然后送入烤漆房进行烤漆、喷漆；对于不需要进行表面修复的车辆，进入维修车间修理。修理后的汽车经检测合格后出厂。

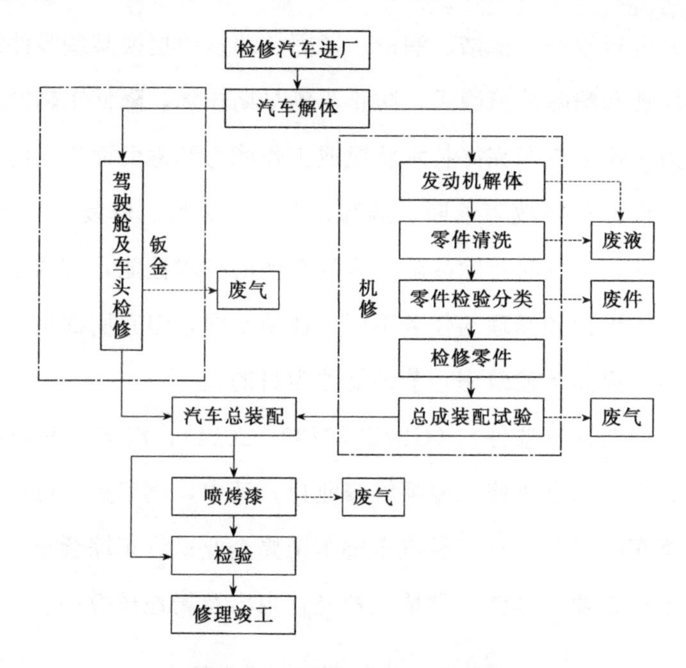

图 2-1　汽车维修作业工艺流程

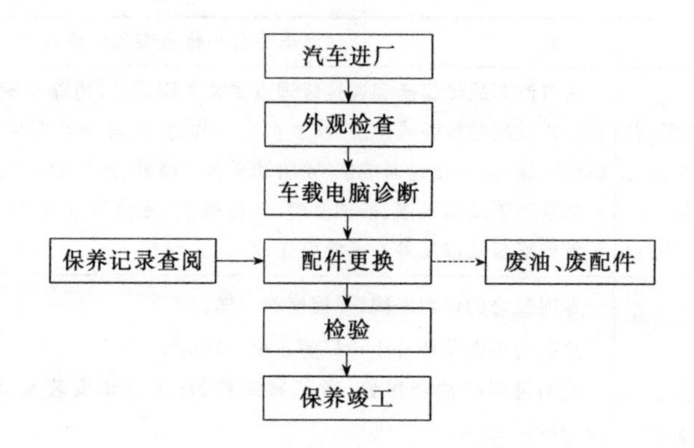

图 2-2　汽车保养作业工艺流程

(1) 机修单元

负责各类车辆的修理，车间内放置有举升机、废油回收机等机器设备，一般的汽车维修、保养皆在这里进行。

(2) 钣金单元

主要对汽车外壳凸陷部进行处理，一般用专用工具将金属板敲平打磨，会产生较大的噪声和粉尘。

(3) 喷烤漆单元

喷烤漆房内进行喷漆烤漆。喷烤漆房工作原理：喷漆时，外部空气经过初级过滤网过滤后由风机送到房顶，再经过顶部过滤网二次过滤净化后进入房内。房内空气采用全降式，以 0.2～0.3m/s 的速度向下流动，使喷漆后的漆雾微粒不能在空气中停留，而直接通过底部出风口被排出房外。这样不断地循环转换，使喷漆时房内空气清洁度达98%以上，且送入的空气具有一定的压力，可在车的四周形成恒定的气流以去除过量的油漆，从而最大限度地保证喷漆的质量。烤漆时，将风门调至烤漆位置，热风循环，烤房内温度迅速升高到预定干燥温度（55～60℃）。风机将外部新鲜空气进行初过滤后，与热能转换器发生热交换后送至烤漆房顶部的气室，再经过第二次过滤净化，热风经过风门的内循环作用，除吸进少量新鲜空气外，绝大部分热空气又被继续加热利用，使得烤漆房内温度逐步升高。当温度达到设定的温度时，自动停止；当温度下降到设置温度时，又自动开启，使烤漆房内温度保持相对恒定。最后当烤漆时间达到设定的时间时，烤漆房自动关机，烤漆结束。

企业应按照《汽车维修业开业条件》（GB/T 16739—2014）配备通用设备、专用设备及检测设备。

（1）通用设备

包括钻床、气焊、压力机、空气压缩机。

（2）专用设备

包括汽车空调冷媒加注回收设备、打磨抛光设备、除尘除垢设备、汽车举升机、气缸压力表、地沟设施、四轮定位仪、换油设备、液压油压力表、车轮动平衡机、调漆设备、喷烤漆房及设备、车架校正设备、车身校正设备、型材切割机、故障诊断设备等。

（3）检测设备

包括声级计、排气分析仪或烟度计、汽车前照灯检测设备、侧滑试验台、制动检验台、车速表检验台、底盘测功机等。

2.3 汽车维修行业化学品使用情况

2.3.1 汽车涂料

汽车维修过程使用的涂料不同于汽车生产过程使用的涂料，汽车维修过程中烘干温度仅为60～80℃，远远低于汽车厂的120～140℃。汽车维修使用的涂料分为溶剂型涂料和水性涂料。溶剂型涂料即为以溶剂（稀释剂）为分散介质的涂料，其成分多为树脂和有机溶剂，溶剂型汽车涂料价格低廉，对工艺水平要求不高，因此颇受市场青睐。溶剂型涂料种类繁多，不同的溶剂型涂料中有机物含量也不同，根据相关资料显示，溶剂型涂料（漆料和稀释剂）中有机溶剂的含量约为涂料用量的50%～70%，汽车喷涂时，涂料中的有机溶剂基本全部挥发，汽车喷涂时有机溶剂的挥发量约为漆料用量的50%。水性涂料即用水作为分散介质的涂料，其对工艺水平要求较高，其中的有机溶剂（主要为醇类）含量约为5%～15%，在汽车喷涂时有机溶剂的挥发量很少。

2.3.2 加注液体

包括发动机润滑油、刹车油、液压油、冷却液等，汽车养护用品多为小包装，一桶（瓶）供一辆车的油、液更换。部分企业采用大包装原料，使用管道进行加注，能够减少废包装，减少容器残留。

2.3.3 防锈、防腐类化学品

汽车属于户外作业机械，免不了要接触泥、水、盐等，锈蚀的防护非常重要。此类防护剂主要以喷剂为主，并可以在带锈情况下施工，膜状物可以起到临时或永久保护作用。它们的用途不同，化学成分各异，有高分子成分，也有磷酸盐等成分，其中表面活性剂也必不可少。此类材料主要用于汽车底盘及发动机部位，可以起到延长汽车使用寿命的目的。

2.3.4 粘接补修类化学品

汽车零部件在工作过程中会有开裂、松动、磨损等现象发生，并造成车况下降甚至停机。为了修复，市场上出现了相应的补修材料，如环氧类、丙烯酸酯类补修胶、冷焊胶，有液状、膏状、棒状等，主要用来修理内外装饰件、有色金属件及钢铁件等。此外，还有一些专用胶，如散热器、油箱、排气筒专用补修剂以及非金属件用带弹性的修补材料等。为了满足用户需要，市场上还出现了皮革、透明材料的特殊粘接剂。

2.3.5 密封材料

汽车“三防”工作十分重要，如果汽车一旦漏油、漏水、漏气，后果不堪设想。密封材料可分为静密封和动密封两大类，也可以分为外涂和内部渗补或分为补修和应急密封等类型。其主要成分为树脂、高聚物预聚体、橡胶等，具体包括硅酮系、单组分聚氨酯、氯丁系、丁基橡胶系列等。此外还有一些特殊作用密封剂，如水箱、缸体及轮胎堵漏剂，气缸活塞修补剂等。

2.3.6 清洁保护材料

此类材料中，一类是与粘接密封剂配套使用，另一类则是汽车维修保养过程所用材料及专用产品。如汽车风挡玻璃清洗保护剂、汽车塑料零件清洗剂、化油器喷泡清洗剂、制动材料清洗剂、发动机除油剂、发动机积炭清洗剂、散热器水箱清洗剂及涂胶前清洗剂等。它们的主要成分是表面活性剂、特殊溶剂及合成材料。

2.4 汽车维修行业水资源消耗情况

汽车维修行业水资源消耗主要为洗车用水及生活用水。汽车维修行业水资源流向如图 2-3 所示。

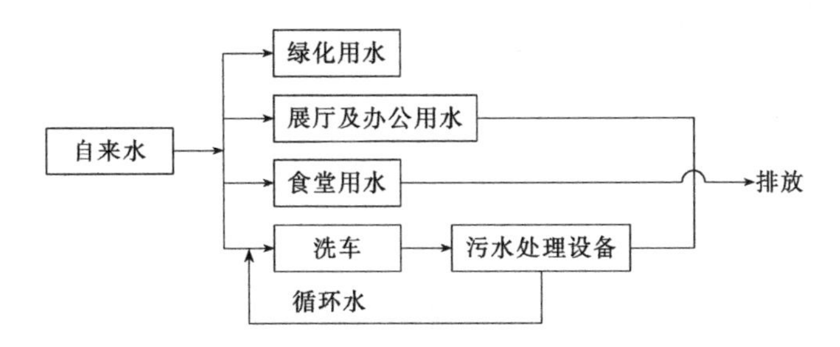

图 2-3 汽车维修行业水资源流向图

从洗车方式来看，洗车主要包括手工洗车和电脑洗车两种方式，手工洗车主要是采用高压水枪清洗车辆，电脑洗车是采用洗车机以固定的模式来自动清洗车辆，目前市场上主要的洗车机分龙门式和隧道式。从水源上看主要有自来水、中水以及自备井水，同时为加强对洗车用水的管理，一些地区要求使用自来水的洗车企业必须安装并使用循环设备，加强自来水的循环使用。

影响洗车用水的主要因素包括以下几方面。

(1) 洗车用水中车辆清洗用水占绝大部分，其取水量主要受洗车量影响

洗车设备、区位和天气等因素通过影响洗车量而影响洗车用水量。洗车设备不同，洗车效率会有所差异，从而影响洗车量，电脑洗车机的效率较高，因此其平均洗车量要高于手工洗车。另外位于车流量大、交通便捷处的洗车点的洗车量一般较多。天气也能影响洗车量，晴好天气的洗车量多于阴雨雪天气，而雨后的洗车量能达到平日的三倍。

(2) 洗车水源也会影响洗车点的取水量

如北京市规定，所有使用自来水和大部分使用市政再生水的洗车点都设有循环水设施，其取水量一般较小。中水和井水的成本较低廉，一般较少洗车点会循环利用，所以取水量一般较大。在使用循环水设施的洗车点中，清水池容积较小、换水周期较长的其取水量较小。

(3) 洗车行业的辆次用水量主要受洗车方式和员工素质等因素的影响

洗车方式不同，其用水过程有所不同，从而辆次用水量有较大差异，电脑洗车的辆次用水量一般大于手工洗车。另外手工洗车的辆次用水量受员工素质影响较大，洗车工人的教育水平一般较低，节水意识不强，在使用完后不能及时关闭高压水枪，浪费洗车用水，从而增加辆次用水量。

洗车方式与用水量的关系如表 2-2 所示。

表 2-2 洗车方式与用水量的关系

洗车方式	平均用水量/(L/车)
普通高压水枪	26.2
电脑洗车机洗车	1.71
有劲高压水枪	47.0
省水水枪	10.0

洗车量与用水量的关系如表 2-3 所示。

表 2-3 洗车量与用水量的关系

洗车量/(车/d)	平均用水量/(L/车)
$x \geqslant 60$	21.4
$60 > x \geqslant 30$	21.9
$x < 30$	49.4

2.5 汽车维修行业能源利用情况

汽车维修企业运行过程中消耗电力、燃油、燃气等能源。涉及能源消耗的环节包括以下几个方面。

(1) 检查、零部件拆除、修复和更换

该环节能耗主要用于故障诊断设备，主要使用电能，气动设备还使用压缩空气。

(2) 喷烤漆

喷烤漆房主要消耗电力和柴油。目前，部分地区的汽车维修企业已经淘汰了燃油烤漆房，使用红外烤漆房。

(3) 机修、检测

机修单元能耗主要是车间内举升机、废油回收机等机器设备能耗，主要为电力消耗。

(4) 服务全过程空调系统、照明系统

包括检查、机修、喷烤漆、检测等全过程中空调、换气系统和照明系统能耗，主要为电力消耗。

目前，大多数汽车维修企业是集汽车维修服务、汽车销售服务为一体的，能源二级计量设备安装率较低，无法区分汽车维修和汽车销售两部分的能源消耗，计量器具配备率有待完善。

通过对部分汽车维修企业电平衡测试分析可知，空调系统和照明系统用电量最大，如图 2-4 所示。

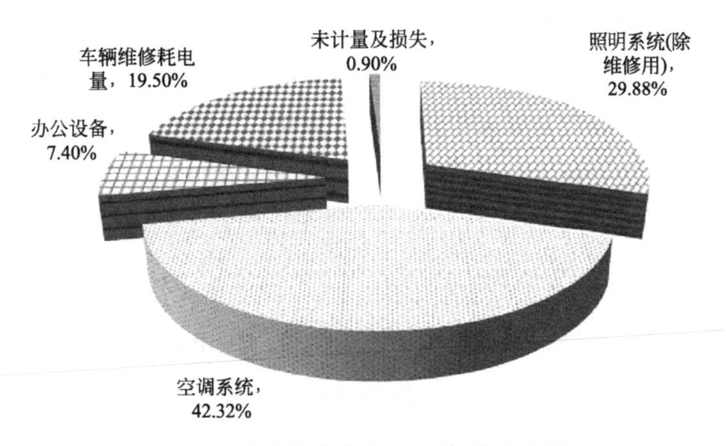

图 2-4　汽车维修企业各区域电耗占比图

2.6 汽车维修行业产排污情况

2.6.1 产排污环节

汽车维修过程排放的污染物主要为：喷烤漆废气（包括喷烤漆有机废气和柴油燃烧废气）、焊接烟尘和打磨粉尘，钣金噪声及设备噪声，废机油、废零件等废物。

汽车维修服务过程污染物产生及排放如图 2-5 所示。

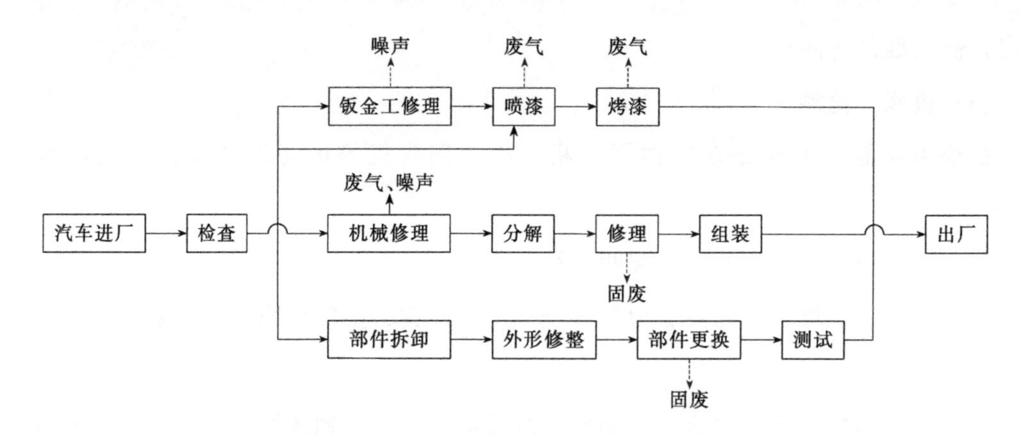

图 2-5　汽车维修服务过程污染物产生及排放

2.6.2　大气污染物产排污情况

(1) 喷烤漆房废气

喷烤漆房产生的废气包括喷烤漆过程产生的挥发性有机废气以及加热装置使用化石燃料的燃烧废气。目前，部分地区汽车维修企业已经使用电烤漆房，减少了传统柴油燃烧废气的排放。喷烤漆废气主要来源于挥发的溶剂、稀释剂。不同的涂料产生的废气组分存在一定差异，但挥发性有机物中主要组分类别差异较小。主要废气组分有芳香烃类、醚酯类、醇类和烷烃类。

① 芳香烃类有机废气

芳香烃指的是单环芳烃中的苯、甲苯、二甲苯、三甲苯、乙苯、苯乙烯等。由于过喷现象与烤漆过程的高温特性，导致喷漆和烤漆过程挥发的芳香烃类物质比例高于其他工序。喷漆作业中，尽管不同的维修店采用的油漆、稀释剂等品牌存在差异，但组分比例差异不大。各种油漆中溶剂和稀释剂各组分含量如表 2-4 所示。

表 2-4　各种油漆中溶剂和稀释剂各组分的质量百分比含量　　%

<table>
<tr><th colspan="3">项目</th><th>组分</th><th>二甲苯</th><th>芳香烃</th><th>醇醚类</th><th>酯类</th><th>其他</th></tr>
<tr><td colspan="3" rowspan="2">中涂漆</td><td>溶剂</td><td>15</td><td>60</td><td>14</td><td>6</td><td>5</td></tr>
<tr><td>稀释剂</td><td>0</td><td>60</td><td>30</td><td>10</td><td>0</td></tr>
<tr><td rowspan="4">面漆</td><td rowspan="4">金属闪光漆</td><td rowspan="2">金属底色漆</td><td>溶剂</td><td>18</td><td>38</td><td>15</td><td>25</td><td>4</td></tr>
<tr><td>稀释剂</td><td>0</td><td>41</td><td>6</td><td>53</td><td>0</td></tr>
<tr><td rowspan="2">罩光漆</td><td>溶剂</td><td>0</td><td>74</td><td>20</td><td>0</td><td>6</td></tr>
<tr><td>稀释剂</td><td>0</td><td>95</td><td>3</td><td>2</td><td>0</td></tr>
<tr><td colspan="3" rowspan="2">本色漆</td><td>溶剂</td><td>11</td><td>56</td><td>18</td><td>11</td><td>4</td></tr>
<tr><td>稀释剂</td><td>0</td><td>64</td><td>27</td><td>9</td><td>0</td></tr>
</table>

烤漆过程中，通常温度设定在60℃，烘烤时间在1～2h。油漆中一些组分在该温度下会发生分解，形成难以降解的小分子，可能对后续的处理造成一定的影响。喷烤漆房中芳香烃是最主要的排放废气种类，其他组分如丙二醇、甲醚、醋酸酯和乙酸丁酯也占有一定比例，而烷烃类的比例则相对较小。

此外，由于腻子常采用苯乙烯作为交联剂和固化剂，其含量在某些腻子中能达到20%以上，而苯乙烯具有较强的挥发性。因此，在涂刮腻子的过程中，应关注苯乙烯的排放。

② 醚酯类有机废气

汽车维修产生的醚酯类废气主要为邻苯二甲酸二丁酯、乙酸乙酯。其中邻苯二甲酸二丁酯主要用于修补漆的增塑剂，组分含量在1%～5%之间；乙酸乙酯具备较好的溶解性和快干性，作为油漆溶剂，是一种重要的有机化工原料。乙酸乙酯易挥发，具有刺激性气味。

③ 醇类、烷烃类有机废气

挥发性醇类物质主要有异丙醇和正丁醇。异丙醇是一种廉价的工业溶剂，主要存在于丙烯酸树脂腻子、单组分丙烯酸中涂漆、单组分丙烯酸色漆中。正丁醇是醇酸树脂类涂料的添加剂，组分在5%左右。通常来说，油漆中挥发的烷烃类物质较少，主要为以丙烯酸树脂为基料的油漆中所挥发出的丙烯酸单体。

目前，针对喷烤漆房内产生的喷烤漆废气，国内外一些主要的处理方法比较如表2-5所示。

表2-5 国内外喷烤漆废气处理方法的比较

项目	低温冷凝法	催化燃烧法	活性炭吸附法	水吸收法	联合处理法
适用范围	有一定温度的高浓度有机废气	连续生产的高浓度有机废气	间歇式生产的低浓度有机废气	规模生产的低浓度有机废气	连续生产的高浓度有机废气
处理效果	70%左右	95%～99%	10%～30%	80 %左右	98%以上
操作的复杂程度	简单	复杂	简单	简单	复杂
投资	低	高	高	低	最高
主要优点	方法简单，投资低，运行管理方便	处理效果好，净化率高	处理效果好，净化率高	方法简单，使用方便，运行费低	处理效果好，净化彻底

目前，大多数喷烤漆房都配有过滤地棉和活性炭吸附装置，通过地棉捕集漆雾中的漆粒，有机废气经活性炭吸附装置净化后排放。根据工程经验，活性炭对有机废气的吸附效率可达95%以上。但是不少企业的喷烤漆房活性炭装填量少，更换周期长，严重

降低了挥发性有机物的治理效果。常见活性炭吸附装置安装情况见图 2-6，联合处理工艺流程图见图 2-7。

图 2-6 常见喷烤漆房活性炭吸附装置

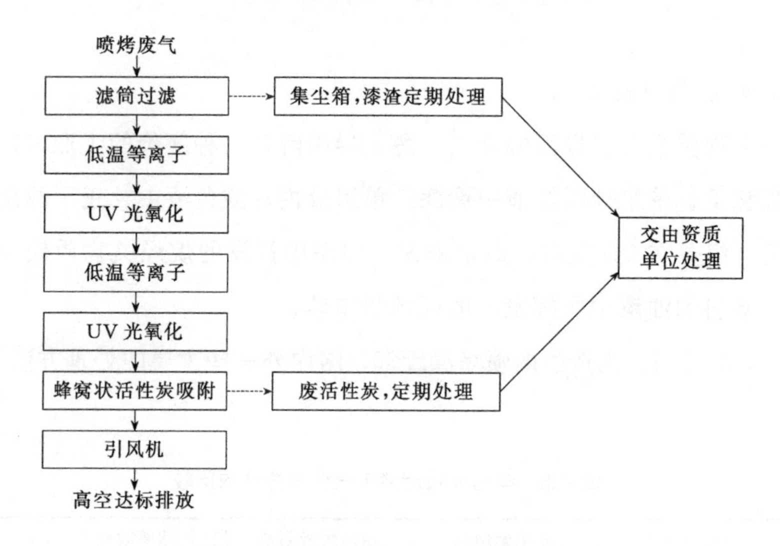

图 2-7 典型喷烤漆废气联合处理工艺流程图

(2) 机修废气

汽车机修过程中发动机系统、空调系统清洗使用清洗剂，某发动机清洗剂主要成分是甲醇 12％、丙酮 10％、甲苯 38％、200＃溶剂油 40％；空调系统清洗剂主要成分是乙醇、正丁烷、丙烷、异丁烷等，使用过程中全部挥发到车间空气中，造成挥发性有机污染物无组织排放。

(3) 调漆废气

调漆废气来自于调漆过程的有机溶剂挥发。调漆过程将涂料、稀释剂、固化剂等原料按照一定比例进行混合，原料中的挥发性有机物成分在称量、搅拌过程中都会挥发出来。

(4) 汽车尾气

汽车在维修调试过程中会产生汽车尾气，其中主要污染物包括细颗粒物、一氧化碳、二氧化碳、烃类化合物、氮氧化合物、铅及硫氧化合物等。汽车在机修工位进行静止启动时，应该使用软管接驳排气管，将汽车尾气集中收集净化后排放。净化方式可以采用活性炭吸附等工艺。

(5) 焊接烟尘

焊接烟尘主要来自汽车修理过程中的焊接过程，汽车维修企业主要使用电气焊和 CO_2 保护焊，一般车间与外界自然通风，焊接烟尘量较少。烟尘应经除尘器净化处理后排入大气，常见除尘方式为布袋除尘器。

(6) 制冷剂

汽车空调用制冷剂是氟利昂家族的一员，属于氢氯氟烃类。因其中有氯元素的存在，随着氯原子数量的增加，其对臭氧层破坏的能力也随之增强；由于氯氟烃对臭氧层的破坏日益严重，故多个国家于 1987 年 9 月在加拿大蒙特利尔签署《蒙特利尔破坏臭氧层物质管制议定书（Montreal Protocol on Substances that Deplete the Ozone Layer)》，分阶段限制氯氟烃的使用。由 1996 年 1 月 1 日起，氯氟烃正式被禁止生产。目前使用的汽车制冷剂基本为氢氟烃类，如 R134A，其沸点为－26.5℃，它的热工性能接近 R12（CFC12)，破坏臭氧层潜能值（ODP）为 0，但温室效应潜能值（WGP）为 1300。

目前，R134A 不属于《国家危险废物名录》(2016 年版)，但是考虑到其温室效应，应该对其进行回收利用。

(7) 其他生产生活废气

汽车维修企业产生的其他生产生活废气主要包括锅炉烟气和食堂油烟等。

2.6.3 水污染物产排污情况

汽车维修企业废水来自维修各工序排水、汽车清洗废水和生活污水。汽车零部件清洗均要求使用环保清洗剂，清洗液循环使用不外排，沉淀油泥按固体废物处理。

(1) 含油废水

汽车发动机、零部件清洗排出的含油废水，其特点是 pH 值、含油量和 COD_{Cr} 较高。通常，含油废水处理工艺如下：含油废水—预处理—混凝沉淀—吸附过滤—排入城市管网或处理后回用于洗车、清洁厂房、绿化、冲厕等。部分汽车维修企业含油废水水质、处理工艺及处理效果如表 2-6 所示。

表 2-6　部分汽车维修企业含油废水水质、处理工艺及处理效果

企业	指标	pH	COD_{Cr} /(mg/L)	SS /(mg/L)	石油类 /(mg/L)	处理工艺
企业 1	原水	12	2000～4400	3100～4300	40～47	絮凝沉淀
	处理后	6.5～8	26～125	<10	3.5～5.6	
企业 2	原水	11	1102～1870	450～870	320～750	絮凝沉淀
	处理后	7.5～8.1	59～169	15～20	<20	
企业 3	原水	10	3995～5120	498～960	1200～1300	混凝沉淀＋砂滤
	处理后	6.9	390～450	<20	23～60	
企业 4	原水	14	1500～6700	1100～1500	750～1500	混凝沉淀（＋气浮＋活性炭）
	处理后	6.8～7.1	210～300	5～20	0.5～6.5	
企业 5	原水	8.5	850	400	110	混凝沉淀＋吸附过滤
	处理后	7.9	65	20	0.65	

(2) 洗车废水

常用的洗车方法有 6 种：人工洗车、高压水枪洗车、全自动电脑洗车、无水洗车（使用环保洗车机）、蒸汽洗车、无刷毛自动洗车等。各类洗车方法及特点介绍如下：

① 人工洗车

是一种原始的洗车方法，洗车使用原始工具（水桶＋抹布），极易损伤车体、浪费水资源、污染环境、妨碍交通、影响市容等。

② 高压水枪洗车

由于压力不足，难以冲掉所有泥沙，在擦车时还是会擦伤车身，同时浪费水资源，平均清洗一辆汽车，需要用水 50L 左右。

③ 全自动电脑洗车

自动化程度高，造价比较高，洗车速度快，效果较好。

④ 无水洗车

利用清洗剂对车面进行清洗，但无法有效清除车底裙及轮胎的厚泥沙，操作不当会损伤漆面。

⑤ 蒸汽洗车

将水加热成蒸汽后，用蒸汽来清洗车辆，用水量少。但洗车时间长、效果一般，现仅在我国北方冬天适用。

⑥ 无刷毛自动洗车

效果与电脑洗车相同。

洗车废水经沉淀油水分离、物化处理、活性炭吸附和膜过滤等措施处理后，可循环

使用。洗车采用循环水回用方式，洗车水循环利用率可达到80%以上。经调研，洗车废水污染物平均浓度如表2-7所示。

表2-7 洗车废水污染物平均浓度 mg/L

项目	BOD_5	COD_{Cr}	氨氮	石油类	SS
洗车废水污染物浓度	34.5	55.6	1.82	2.02	600

(3) 生活污水

汽车维修企业的生活污水主要包括冲厕废水、食堂废水等。通常经隔油池、化粪池以及二级生化处理后，达标排入市政污水管网。

2.6.4 固体废物产生情况

汽车维修企业产生的废物，可以分为：危险废物、一般固体废物和生活垃圾。

(1) 危险废物

依据《国家危险废物名录》(2016年版)，汽车维修行业涉及的危险废物分为7种5大类(详见表2-8)，危害性分类主要为有毒，其中HW08、HW12还具有易燃性。

表2-8 汽车维修行业危险废物种类

废物类别	废物代码	废物名称	危害性分类
废有机溶剂与含有机溶剂废物 HW06	900-404-06	废汽车防冻液	有毒
废矿物油与含矿物油废物 HW08	900-249-08	废机油、废汽油、废柴油	有毒，易燃性
染料涂料废物 HW12	900-250-12	废油漆	有毒，易燃性
		废漆渣	有毒，易燃性
		废油漆稀释剂	有毒，易燃性
其他废物 HW49	900-041-49	废活性炭	有毒
		废机油滤芯/废汽油滤芯	有毒
		废油桶、油漆桶、稀料桶等	有毒
		废喷漆罐、清洗剂罐、调漆盒等	有毒
		废地棉、废遮蔽纸	有毒
	900-044-49	废铅蓄电池	有毒
	900-045-49	废电路板	有毒
废催化剂 HW50	900-049-50	废汽车尾气净化催化剂	有毒

① 机修工序

机修工序危险废物包括废汽车防冻液在内的废有机溶剂与含有机溶剂废物

(HW06)，废机油、废汽油、废柴油等在内的废矿物油与含矿物油废物（HW08)，废机油滤芯、废汽油滤芯、废油桶、废清洗剂罐、废铅蓄电池、废电路板等在内的其他废物（HW49）以及废汽车尾气净化催化剂在内的废催化剂（HW50)。

② 调漆工序

调漆工序危险废物包括废油漆桶、废稀料桶、废喷漆罐、废调漆盒等在内的其他废物（HW49)。

③ 喷涂工序

喷涂工序危险废物包括废油漆、废稀释剂、废固化剂、废漆渣等在内的染料涂料废物（HW12)，废地棉、废活性炭（过滤介质)、废遮蔽纸等在内的其他废物（HW49)。

徐蓓、张静对江苏省汽车4S店危险废物产污系数进行了分析，如表2-9所示。

表2-9 江苏省汽车4S店危险废物产污系数

污染物指标		单位	产污系数
废机油	排量≤1.5L	kg/车次	0.3201～0.4481
	1.5L＜排量＜3.0L	kg/车次	0.5112～0.7157
	排量≥3.0L	kg/车次	0.9268～1.2975
废蓄电池		个/车次	0.0104
废油漆桶(转换为1L)		个/车次	0.0858
废活性炭		g/车次	11.77
废过滤棉		g/车次	22.34

尽管每家汽车维修企业产生的危险废物较少，但考虑到汽车维修企业众多，且随着居民汽车保有量的增加，汽车维修企业的规模和数量也会随之不断增大，该行业产生的危险废物总量还是比较惊人的。根据《中华人民共和国固体废物污染环境防治法》第四章规定，对危险废物必须严格执行申报登记制度，严格进行收集、贮存、运输、处置。企业应设置危险废物临时贮存场所，各种危险废物分别使用专用容器单独存放，然后送至具有危险废物经营许可证的单位进行处置。

(2) 一般固体废物

汽车维修企业产生的一般固体废物包括拆解下的废钢铁、废有色金属、废钢化玻璃、废轮胎和废座椅等。废钢铁销售到钢铁公司回炉重熔，废有色金属销售到有色金属冶炼厂，废轮胎销售给轮胎再生处理单位，废旧塑料（汽车前后保险杠、仪表盘、座椅靠背架及发动机盖罩等，主要成分是聚丙烯PP混料）等外售给相应的回收公司。规范的收集分类设施见图 2-8 所示。

(a)

(b)

图 2-8　规范的收集分类设施

(3) 生活垃圾

生活垃圾经统一收集后，定期由环卫部门处置。

2.6.5　噪声产生情况

汽车维修企业主要噪声源是喷烤漆房风机、空气压缩机、台钻、打磨机等设备噪声以及汽车启动等噪声。喷烤漆区风机噪声在设备 1m 处机械噪声为 70～80dB(A)；打磨设备噪声是短时、不定时发生的，瞬时最大噪声可达到 90～100dB(A)；汽车启动噪声约 65dB(A)。

由于鼓、引风机置于喷烤漆房室内（喷烤漆房为密闭设置），可以对高噪声设备进行减震处理，对风机安装隔声罩、消声器等；全部产生噪声的工序在室内完成，车间密闭门窗，注意隔声。通过一系列降噪措施之后可以实现厂界噪声达标。

2.6.6 汽车维修行业环境问题

2.6.6.1 大气治理措施尚不完善

汽车维修过程产生的废气主要为机修过程焊接打磨废气、调漆废气、喷烤漆废气以及少量的汽车尾气。

目前，汽车维修企业主要关注挥发性有机物末端治理技术的去除效率。如图 2-9、图 2-10 所示，在汽车维修的机修工序、调漆工序甚至底漆工序、中涂工序产生的挥发性有机物尚未得到有效收集，造成企业约有 50%的挥发性有机物无组织排放。同时，焊接、打磨等工序废气没有得到有效收集，存在明显的无组织排放现象。

图 2-9 不规范清洗喷枪现场

图 2-10 不规范调漆作业现场

在末端治理方面，汽车维修行业废气具有风量大、浓度低、间歇性的特点，且废气中掺杂着具有黏性的漆雾颗粒，成分复杂，对处理工艺的选择具有较高的要求。喷漆废气中漆雾的预处理分为干式和湿式处理法，中低效干式过滤效果较差，组合式干式过滤法是目前较为有效的工艺，但运行成本较高；湿式处理法能达到中高效的除漆雾效果，但会增加气体含湿量，影响后续的吸附浓缩过程且会产生废水问题。如何根据实际工况、排放要求及成本问题选择适当的处理工艺是在应用中需要考虑的问题。在喷漆废气有机物的处理方面，在实际应用中单一的处理技术逐步发展为多技术综合利用的方法，大大提高了处理效率，降低了经济成本。综合考虑实际工况条件，在改善工艺参数与使用新型吸附剂的前提下，活性炭吸附脱附加催化氧化法是汽车维修企业挥发性有机物治理的最佳选择。另外，国内近些年出现了许多新型技术用以处理喷漆废气，例如，湿式喷淋-低温等离子体工艺技术、微纳米气泡技术等，但这些技术的处理效率都得不到长时间的保证，因此在汽车喷漆废气处理的研究中，需要结合实际工况条件、经济情况，综合利用不同处理技术的优势，选取最为合适的治理技术，此外还要加强处理设备日常维护，加强环境管理，实现以最小的经济成本和人力投资净化喷漆废气。

在废气治理设施建设、运行与维护方面存在以下问题：

① 废气排气筒高度不足 15m，属于无组织排放；

② 废气排放检测口位置不规范；

③ 未设置规范化采样平台和采样口；

④ 未定期开展废气监测；

⑤ 缺少环保设施运行维护记录；

⑥ 采用活性炭吸附工艺的企业，活性炭更换频次低，总用量偏低，活性炭过滤设备装载量不够。

2.6.6.2 危险废物管理有待规范

调研情况显示，汽车维修企业危险废物管理不规范，主要存在以下问题。

(1) 危险废物贮存场所建设不规范

如危险废物贮存场所选址不恰当；危险废物贮存场所空间偏小；危险废物贮存场所未设置导流槽和收集池；危险废物地面为水泥硬化和铁板铺垫，不符合防渗要求等。

(2) 危险废物贮存管理不规范

如危险废物贮存场所标识不规范；危险废物贮存场所分区不规范；危险废物和一般废物混合存放；废稀料、废油滤等含有挥发性有机物的存放容器未加盖；废活性炭、废底棉包装密闭性差，存在废气无组织排放问题等。不规范管理行为如图 2-11 所示。

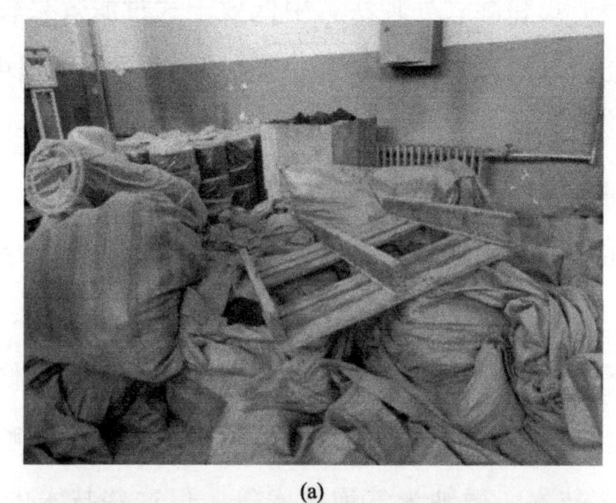

(a)

(b)

图 2-11　不规范的危险废物贮存场所

(3) 危险废物转移不规范

如危险废物转移联单与危险废物实际种类不一致；危险废物转移量与实际产生量差异较大；汽车维修园区内不同企业未单独签订危险废物处置协议等。

2.6.6.3　环境管理水平有待提升

(1) 资料台账不完善

① 缺少涂料的检测文件和化学品安全技术说明（material safety data sheet，简称MSDS）文件；

② 缺少化清器清洗剂、空调清洗剂、水箱清洗剂、洗枪溶剂等原辅料的用量的统计数据；

③ 缺少环保设施运行维护记录等。

(2) 管理制度不健全

① 环境保护管理文件和制度未及时根据国家最新要求进行更新，如汽车维修企业使用了旧版的《国家危险废物名录》进行危险废物分类管理；

② 缺少环境应急预案或演练记录；

③ 环境应急预案中“事件预防与预警”未将“环保设施不正常运行”纳入其中，应急预案中未设置联系电话、演练记录等。

(3) 环境监管不到位

① 污染物排放基数不清，地方生态环境管理部门尚未掌握汽车维修行业挥发性有机物排放量、污染物成分等数据；

② 污染防治基础薄弱，国家和地方尚未出台汽车维修行业挥发性有机物治理技术规范，缺乏对污染物收集、处理的指导性文件，市场上相关污染治理技术创新度不高，环保设施收集率、处理效率、稳定性、使用寿命等参数难以满足实际需求；

③ 监控技术应用落后，缺少挥发性有机物在线监测技术，给政府监管和企业自我环境管理带来困难；

④ 环境监管手段不完善，国家提出环保督察工作禁止一刀切，实施精准执法的要求，但目前国家和地方缺少汽车维修行业环境执法的规范性指导文件，难以做到环境保护精准管理。

第 3 章
国内外汽车维修行业环保政策标准

3.1 环境保护法律及地方条例

国家及部分省市地方性法规明确提出了汽车维修行业环境保护要求。部分法规如表 3-1 所示。

表 3-1　部分法规对汽车维修行业的环境保护要求

序号	地区	文件名称	环境保护要求
1	国家	中华人民共和国大气污染防治法	从事机动车维修等服务活动的经营者，应当按照国家有关标准或者要求设置异味和废气处理装置等污染防治设施并保持正常使用，防止影响周边环境。未设置异味和废气处理装置等污染防治设施并保持正常使用，影响周边环境的，由县级以上地方人民政府生态环境主管部门责令改正，处二千元以上二万元以下的罚款；拒不改正的，责令停业整治
2	北京	北京大气污染防治条例（北京市人民代表大会公告第 3 号）	机动车维修等项目，应当设置异味和废气处理装置等污染防治设施并保持正常使用，防止影响周边环境。 在居民住宅楼、未配套设立专用烟道的商住综合楼、商住综合楼内与居住层相邻的商业楼层内，禁止新建、改建、扩建产生异味、废气的机动车维修等项目
3	天津	天津市大气污染防治条例	机动车维修等经营单位，应当按照环境保护行政主管部门的规定，安装使用异味和废气等污染物的净化处理设施，定期对净化处理设施进行清洗维护，排放的污染物不得超过规定的排放标准，不得影响周边环境和居民正常生活

3.2 国家和地方污染物排放标准

3.2.1　大气污染物排放标准

我国国家层面尚未制定汽车维修行业大气污染物排放标准，汽车维修企业执行《大气污染物综合排放标准》（GB 16297—1996）。标准中涉及汽车维修行业的污染物排放标准如表 3-2 所示。该标准已颁布实施 20 多年，各项污染物排放浓度限值过于宽松。

表 3-2　《大气污染物综合排放标准》中相关污染物排放浓度限值　　mg/m^3

序号	污染物	最高允许排放浓度
1	苯	12
2	甲苯	40
3	二甲苯	70
4	非甲烷总烃	120

为推动汽车维修行业污染防治工作，部分地区制订了地方污染物排放标准。截至目前，河北、天津、上海、浙江等省市颁布了汽车维修行业的大气污染物排放标准，颁布的形式以综合型标准的形式为主（工业涂装行业排放标准或工业挥发性有机物综合排放标准），将汽车维修企业大气污染物排放控制包括在内；另有北京和重庆两市以汽车维修业大气污染物排放标准颁布，深圳市以汽车维修行业喷漆涂料及排放废气中挥发性有机化合物含量限制技术规范颁布。

本章将部分地区汽车维修行业大气污染物排放浓度进行汇总，如表 3-3 所示。并对北京和深圳两地排放标准中的涂料挥发性有机物含量限值同时进行了对比，如表 3-4 所示。

表 3-3 部分地区大气污染物排放浓度限值 mg/m³

序号	地区	污染物项目						
		苯	苯系物	非甲烷总烃	甲苯	二甲苯	VOCs	TVOC
1	北京	0.5	10	20				
2	陕西	1	20	40				
3	四川	1			5	15	60	
4	重庆(城建区)	1	30	50				
	重庆(其他)	1	35	60				
5	天津	1			20		50(烘干工艺 40)	
6	上海	1	40	70	10	20		
7	深圳	1			18		75	
8	河北	1		60	20			
9	福建	1	30	60	5	15		
10	浙江	1	40	80				150
11	山东	0.5			5	15	50	

表 3-4 部分地区涂料挥发性有机物含量限值 g/L

地区	涂料种类					备注
	底漆	中涂	底色漆	罩光清漆	本色面漆	
北京	540	540	420	480	420	
深圳	670	550	750	560		溶剂型涂料
	540		420			水性涂料

3.2.2 水污染物排放标准

《汽车维修业水污染物排放标准》（GB 26877—2011）于 2011 年 7 月 29 日发布，2012 年 1 月 1 日起实施。该标准规定了汽车维修企业水污染物排放限值、监测和监控要求，适用于一类和二类汽车维修企业的水污染物排放管理。该标准中新建企业和执行水污染物特别排放限值的企业废水直接排入环境，废水中水污染物浓度应符合表 3-5 的要求。

表 3-5 《汽车维修业水污染物排放标准》中直接排放限值　　mg/L（pH 除外）

序号	污染物项目	直接排放限值		监控位置
		新建企业	特别排放限值企业	
1	pH	6～9	6～9	企业废水总排放口
2	悬浮物(SS)	20	10	
3	化学需氧量(COD_{Cr})	60	50	
4	五日生化需氧量(BOD_5)	20	10	
5	石油类	3	1	
6	阴离子表面活性剂(LAS)	3	1	
7	氨氮	10	5	
8	总氮	20	15	
9	总磷	0.5	0.5	

注：执行水污染物特别排放限值的地域范围、时间，由国务院环境保护行政主管部门或省级人民政府规定。

现有企业（2012 年 1 月 1 日前建设）和新建企业（2012 年 1 月 1 日后建设）单位基准排水量如表 3-6 所示。

表 3-6 单位基准排水量　　m^3/辆

序号	车型	限值	污染物排放监控位置
1	小型客车	0.014	排水量计量位置与污染物排放监控位置相同
2	小型货车	0.05	
3	大、中型客车	0.06	
4	大型货车	0.07	

3.2.3 厂界环境噪声排放标准

汽车维修企业噪声控制参照执行《工业企业厂界环境噪声排放标准》（GB 12348—2008），厂界环境噪声不得超过表 3-7 规定的排放限值。

表 3-7　工业企业厂界环境噪声排放限值　　dB(A)

边界处声环境功能区类型	时段	
	昼间	夜间
0	50	40
1	55	45
2	60	50
3	65	55
4	70	55

3.2.4　固体废物控制要求

(1) 相关法律法规

《固体废物污染环境防治法（2020 年修订）》的“第四章　危险废物污染环境防治的特别规定”明确了危险废物管理要求。2016 年，最高人民法院、最高人民检察院发布《关于办理环境污染刑事案件适用法律若干问题的解释》（法释〔2016〕29 号），明确了危险废物相关违法事实的判定和处罚的度量。

全国部分省市也制定发布了固体废物污染防治条例，如浙江、江苏、广东等地制定发布了固体废弃物污染防治条例，均设置了“危险废物污染环境防治的特别规定”的章节，对危险废物的产生单位、处置利用单位的污染防治措施提出了详细规定。危险废物管理相关法律法规见表 3-8。

表 3-8　危险废物管理相关法律法规

分类	序号	名　　称	实施时间
法律	1	固体废物污染环境防治法(2020 年修订)	2020.9.1
	2	环境保护法(2014 修订)	2015.1.1
规范性文件	3	危险废物经营许可证管理办法(2016 修订)	2016.2.6
	4	危险废物转移管理办法	制定中
	5	危险废物转移联单管理办法	1999.10.1
地方行政法规	6	浙江省固体废物污染环境防治条例(2017 年第二次修正)	2006.6.1
	7	江苏省固体废物污染环境防治条例(2017 年第二次修正)	2010.1.1
	8	四川省固体废物污染环境防治条例(2018 年修正)	2014.1.1
	9	陕西省固体废物污染环境防治条例(2019 年修正)	2016.4.1
	10	河北省固体废物污染环境防治条例	2015.6.1
	11	广东省固体废物污染环境防治条例	2019.3.1
	12	北京市危险废物污染环境防治条例	2020.9.1

（2）相关技术标准

针对危险废物的收集、贮存和运输等环节的规范管理，生态环境部等部门制定发布了《危险废物贮存污染控制标准》（GB 18597—2001）、《废铅酸蓄电池处理污染控制技术规范》（HJ 519—2009）、《危险废物收集 贮存 运输技术规范》（HJ 2025—2012）等标准。对危险废物的分类制定发布了《国家危险废物名录》以及相关的鉴别标准。危险废物管理相关技术标准见表 3-9。

表 3-9 危险废物管理相关技术标准

序号	名 称	实施时间
1	《环境保护图形标志 固体废物贮存(处置)场》(GB 15562.2—1995)	1996.7.1
2	《危险废物贮存污染控制标准》(GB 18597—2001)	2002.7.1
3	《废铅酸蓄电池处理污染控制技术规范》(HJ 519—2009)	2010.3.1
4	《危险废物收集 贮存 运输技术规范》(HJ 2025—2012)	2013.3.1
5	《固体废物鉴别标准 通则》(GB 34330—2017)	2017.10.1
6	《危险废物鉴别标准 通则》(GB 5085.7—2019)	2020.1.1

3.3 污染防治技术文件

交通运输部、部分地区通过制定汽车维修行业污染防治技术文件，指导和规范汽车维修企业开展污染防治工作。国家及部分地方污染防治技术文件的主要内容如表 3-10 所示。

表 3-10 国家及部分地方污染防治技术文件

文件名称	主要内容
《汽车维修业开业条件 第1部分:汽车整车维修企业》(GB/T 16739.1—2014)	①应具有废油、废液、废气、废水、废蓄电池、废轮胎、含石棉废料及有害垃圾等物质集中收集、有效处理和保持环境整洁的环境保护管理制度,并有效执行。有害物质存储区域应界定清楚,必要时应有隔离、控制措施。 ②作业环境以及按生产工艺配置的处理“四废”及采光、通风、吸尘、净化、消声等设施,均应符合环境保护的有关规定。 ③涂漆车间应设有专用的废水排放及处理设施,采用干打磨工艺的,应设置粉尘收集装置和除尘设备,并应设有通风设备。 ④调试车间或调试工位应设置汽车尾气收集净化装置
《汽车空调制冷剂回收、净化、加注工艺规范》(JT/T 774—2010)	该标准规定了汽车空调制冷剂回收、净化和加注作业的基本条件、工艺过程及流程、工艺要求以及制冷剂储存和处理。以制冷剂回收作业为例,该标准规定的操作要点如下: ①回收/净化/加注设备的适用介质应与所回收的制冷剂类型一致; ②不应采用单系统的回收/净化/加注设备对两种或两种以上类型的制冷剂进行回收; ③按制冷剂的类型分类回收,不应将 HFC134a 与 CFC12 混装在一个储罐中; ④回收时,储罐内的制冷剂质量应不超过罐体标称装罐质量的 80%; ⑤不应自行维修制冷剂储罐阀门和储罐; ⑥因被污染或其他原因不能确定其成分而不能净化利用的制冷剂,应用带有文字标识的储罐储存,不应排放到大气中

续表

文件名称	主要内容
《机动车维修服务规范》(JT/T 816—2011)	该标准规定了机动车维修服务的总要求、维修服务流程、服务质量管理及服务质量控制等内容。其中,环保管理要求如下: ①经营者应对维修产生的废弃物进行分类收集,及时对有害物质进行隔离、控制,委托有合法资质的机构定期回收,并留存废弃物处置记录。 ②维修作业环境应按环境保护标准的有关规定配置用于处理废气、废水的通风、除尘、消声、净化等设施
北京地标《汽车维修业污染防治技术规范》(DB11/T 1426—2017)	汽车涂装过程中使用的处于即用状态的涂料挥发性有机物含量应符合《汽车维修业大气污染物排放标准》(DB11/ 1228)要求;应记录使用的涂料、稀释剂、固化剂、清洗剂等原辅材料的种类、数量及挥发性有机物的含量,至少保存3年;调漆作业应在密闭空间内进行,产生的含挥发性有机物废气应经活性炭等处理设施处理后达标排放;喷漆作业应采用高效喷涂设备。使用有机溶剂清洗喷枪的,应采用密闭洗枪设备,或在密闭设施内清洗并配备挥发性有机物处理设施等
河北地标《汽车维修业污染控制技术规范》(DB13/T 2161—2014)	喷漆、烤漆产生的有机废气,应采用有效的处理措施(如吸附法、吸收法或燃烧法),处理后的废气排放应符合GB 16297的要求;烤漆房燃料宜采用天然气、液化石油气、电等清洁能源,烟气排放应符合DB13/ 1640的要求;产尘工序应设置收集除尘设施,宜采用无尘干磨机等先进设备,颗粒物排放应符合GB 16297的要求
陕西地标《汽车维修业污染防治技术规范》(DB61/T 1261—2019)	从机电维修、钣金涂装、汽车清洁、危险废物处置等汽车维修的全过程、全环节,对可能产生的污染物提出了全面的防治规范和技术指导,对汽车维修企业如何防治喷烤漆过程中产生的有机废气,确保达标排放,提出了规范指导,对汽车维修过程中产生的危险废物分类管理进行了进一步明确,为全行业治污减霾工作规范化管理提供了西安范式
江苏地标《机动车维修业节能环保技术规范》(DB32/T 2706—2014)	从设施规范、作业规范、废物处置等方面提出技术要求。在作业规范方面对维修准备、设备、机电、钣金、涂漆、车辆清洗以及质量保证提出技术要求。如涂漆工序提出以下要求: ①维修用涂料应符合GB 24409的要求,宜采用水性汽车修补漆; ②打磨过程中产生的粉尘应进行降尘处理,宜采用无尘干磨技术,提高工作效率和涂漆质量,粉尘集中收集,并作为危险废物处理; ③涂装作业时,应在喷漆室内喷涂,宜采用HVLP(高流量低气压)喷枪,提高涂料使用率,喷烤漆作业时产生的废气应过滤后再排放,定期更换过滤棉和活性炭; ④烤漆应选用能效等级高的烤漆房,宜采用红外线等节能环保烤漆方式; ⑤清洗喷枪宜采用洗枪机,不得将清洗溶剂直接排入大气中
天津地标《汽车维修钣喷中心通用条件》(DB12/T 820—2018)	①符合GB/T 16739.2—2014中4.9规定; ②喷涂材料等有害物质存储区应界定明确、分类存放、有效隔离、实时管控; ③涂漆车间采用干打磨工艺的,应设置粉尘收集装置和除尘设备及通风净化设备,并设置专用的废水排放及处理设施
《郑州市汽车维修行业挥发性有机物污染控制技术指南(试行)》	采用无(低)VOCs环保型原辅材料;推荐采用喷涂效率较高的喷枪进行喷涂,并采用喷枪清洗系统,在密闭的空间内进行清洗,减少挥发量;喷烤漆房应严格密闭;换气风量根据房间大小确定,保证VOCs废气捕集率不低于95%;喷涂废气应设置有效的漆雾预处理装置,建议采用多级高效干式过滤器、湿式水帘+多级过滤除湿联合装置或静电漆雾捕集等除漆雾装置;鼓励有条件的企业使用蓄热式燃烧(RTO)、蓄热式催化燃烧(RCO)等燃烧法技术,鼓励企业采用活性炭吸附+脱附联合处理技术、将废气作为烘干供热设备油/气焚烧的空气补风直接燃烧等处理技术;推荐使用两种或多种技术组合,包括吸附技术+其他技术组合;对于风量小于1000m^3/h,非甲烷总烃浓度低于50mg/m^3的,可采用符合下述技术要求的吸附法技术;鼓励企业采用共享喷涂;不建议单独使用低温等离子体法、光解氧化法等低效技术

为在汽车维修行业推行清洁生产,从源头和过程降低资源能源消耗量和污染物产生量,北京市颁布实施了《清洁生产评价指标体系　汽车维修及拆解业》(DB11/T 1265—2015)。汽车维修业清洁生产评价指标项目、权重和基准值如表3-11所示。

表 3-11　汽车维修业清洁生产评价指标项目、权重和基准值

序号	一级指标	一级指标权重	二级指标	单位	二级指标权重	Ⅰ级基准值 100	Ⅱ级基准值[80,100)	Ⅲ级基准值[60,80)
一	生产工艺及装备	30	机电维修	—	6	超声波清洗零部件设备，制冷剂循环利用设备，尾气收集净化装置，不解体检测诊断工艺。使用其中 4 项	超声波清洗零部件设备，制冷剂循环利用设备，尾气收集净化装置，不解体检测诊断工艺。使用其中 3 项	超声波清洗零部件设备，制冷剂循环利用设备，尾气收集净化装置，不解体检测诊断工艺。使用其中 2 项
			钣金维修	—	6	等离子切割工艺，车身焊接工艺，车身测量、校正工艺，焊接烟尘处理装置。使用其中 4 项工艺	等离子切割工艺，车身焊接工艺，车身测量、校正工艺，焊接烟尘处理装置。使用其中 3 项工艺	等离子切割工艺，车身焊接工艺，车身测量、校正工艺，焊接烟尘处理装置。使用其中 2 项工艺
			喷漆维修	—	10	红外线烤漆设备，无尘干磨工艺，省漆喷涂工艺，喷枪清洗设备，溶剂回收设备。使用其中 4 项工艺	红外线烤漆设备，无尘干磨工艺，省漆喷涂工艺，喷枪清洗设备，溶剂回收设备。使用其中 3 项工艺	红外线烤漆设备，无尘干磨工艺，省漆喷涂工艺，喷枪清洗设备，溶剂回收设备。使用其中 2 项工艺
			总成修复	—	4	发动机总成修复工艺（外包）、变速箱总成修复工艺。使用其中 2 项工艺	发动机总成修复工艺、变速箱总成修复工艺。使用其中 1 项工艺	
			烤漆房净化装置	—	4	喷烤漆房有害物质净化装置有效运行，有明确的更换记录，运行记录良好	喷烤漆房有害物质净化装置有效运行	
二	资源能源消耗	23	单车综合能耗	kg 标准煤/车	7	≤3	≤11	≤12
			单车清洗耗新鲜水量	L/车	6	≤8	≤10	≤15
			环保漆料占比	—	10	≥10%	≥9%	≥6%
三	资源综合利用	5	洗车水循环利用率	—	5	≥70%	≥65%	≥50%

续表

序号	一级指标	一级指标权重	二级指标	单位	二级指标权重	Ⅰ级基准值 100	Ⅱ级基准值[80,100)	Ⅲ级基准值[60,80)
四	污染物产生与排放	30	*大气污染物	—	6	符合 DB11/ 1228、DB11/ 501 和相关标准的规定		
			*噪声	dB	6	符合 GB 12348 的规定		
			*水污染物排放	—	6	符合 DB 11/307 的规定		
			固体废弃物处理处置率	—	6	100%		
			*危险废物回收处置情况	—	6	危险废物进行有效归集、贮存，并交由有危险废物经营许可证的单位收集处置		
五	清洁生产管理	12	节能、节材、节水管理	—	5	已制定颁布专项节能、节材、节水管理制度，并已实施一年以上，有良好的执行效果并有责任人、有记录、有分析、有改进	已制定颁布专项节能、节材、节水管理制度的，实施时间一年以内，但无记录、无分析的	已制定颁布专项节能、节材、节水管理制度的
			固体废物管理	—	4	已制定颁布固体废物分类贮存、管理制度，对危险废物进行有效归集、贮存，并交由有危险废物经营许可证的单位收集处置，执行效果良好、有责任人、有制度、有记录、有分析、有改进	已制定颁布固体废物分类贮存、管理制度，对危险废物进行有效归集、贮存，并交由有危险废物经营许可证的单位收集处置	
			相关方环境管理	—	2	企业采购配件向具有合法资质的配件经销商采购渠道的管理制度、合格供方名册、对合格供方的定期评价制度及评价记录，建立针对采购人员和供应商监管体系，选用环保产品、设备		
			绿色宣传	—	1	有倡导节约、环保和绿色消费的宣传行动，对消费者的节约、环保消费行为提供鼓励措施		

注：带（*）为限定性指标。

按照评价指标体系对企业的相关情况进行打分，得到最后的综合评价指标，根据指标值，将企业清洁生产水平划分为三级，即清洁生产领先水平企业、清洁生产先进水平企业、清洁生产企业。清洁生产等级与对应的综合评价指标如表3-12所示。

表3-12 清洁生产等级与清洁生产综合评价指标值

清洁生产等级	清洁生产综合评价指标值 P
一级 清洁生产领先水平企业	$\geqslant 90$
二级 清洁生产先进水平企业	$80 \leqslant P < 90$
三级 清洁生产企业	$70 \leqslant P < 80$

3.4 环境保护管理办法

3.4.1 部分省市环境保护管理要求

部分地区通过制定汽车维修行业环境保护管理要求，加强对汽车维修企业的环境管理。以危险废物管理工作为例，部分地区汽车维修行业环境保护要求如表3-13所示。

表3-13 部分地区汽车维修行业环境保护要求

序号	地区	文件名称	环境保护要求
1	北京	《北京市环境保护局关于加强机动车维修和拆解企业危险废物管理工作的通知》(京环发〔2010〕147号)	①各维修、拆解企业要强化主体责任意识，法定代表人为第一责任人；加强危险废物管理体系和制度建设，设立专门管理机构和专(兼)职管理岗位，安排专人负责危险废物污染防治工作。 ②各维修、拆解企业要建立危险废物管理台账，主要记录各类与危险废物相关的原材料、配件等的购置数量，危险废物的产生种类和数量、出入库时间、贮存、处置、利用等情况。 ③各维修、拆解企业必须依法向所在区县环保部门申报登记危险废物的种类、产生量、流向、贮存、处置、利用等情况。申报登记内容发生重大改变的，应当在申报登记内容发生改变之日起十五日内向原登记机关申报变更。 ④各维修、拆解企业必须建设专用的危险废物贮存设施或专用贮存区域，做到危险废物分类收集、分区存放，并设置危险废物警示标志；贮存设施须有防渗的硬化地面及泄漏液体收集装置；废铅蓄电池存放的区域，地面须采取防腐、防渗处理。 ⑤各单位对机动车维修、拆解过程中产生的危险废物，必须按照国家有关规定交由有危险废物经营许可证资质的单位处置，不得违反规定自行处置或焚烧利用。转移危险废物的，应严格执行国家危险废物转移联单制度。 ⑤市、区县环保部门将加大环境监管力度，会同交通、公安、商务、城管等部门对全市机动车维修、拆解企业危险废物污染防治工作落实情况进行联合执法检查或专项检查，发现违法行为将依法予以处罚

续表

序号	地区	文件名称	环境保护要求
2	天津	《天津市机动车维修行业危险废物管理办法》(津交规〔2018〕6 号)	①维修企业应采取符合环保、清洁生产要求的生产工艺和技术,减少危险废物的产生量。 ②维修企业要强化环保主体责任意识,建立、健全本单位危险废物污染环境防治责任制度,采取防治危险废物污染环境的措施。 ③维修企业应当建立危险废物管理台账,主要记录各类危险废物相关的原材料、配件等的购置数量以及危险废物产生的种类和数量、出入库时间、经手人、贮存、处置、利用等情况。台账的保存时间不得少于五年。 ④维修企业产生的危险废物应委托具有危险废物经营许可资质的单位收集、利用、处置,不得违反规定自行处置或利用。 ⑤维修企业危险废物收集、贮存应满足以下要求: a. 必须按照危险废物贮存污染控制标准的要求,建立危险废物贮存区域、设施。 b. 贮存设施应符合国家环境保护标准。 c. 贮存区域(房间)应有防渗的硬化地面,有泄漏液体收集装置。废铅酸电池存放区域,地面须采取防腐、防渗处理。 d. 危险废物贮存期不得超过一年
3	上海	《上海市环境保护局关于开展汽修行业危险废物收集管理试点的通知》(沪环保防〔2017〕276 号)	汽车维修企业应落实企业主体责任,按照《固体废物污染环境防治法》等有关规定,制定《危险废物产生单位管理计划》和《危险废物管理(转移)计划备案表》到所在区环保部门进行备案,按照要求建立台账记录;设置危险废物专用储存间,分类集中收集危险废物,张贴警示标识;委托有相应资质的危险废物经营许可证单位收集、处置危险废物,或委托收集试点单位统一收集各类别危险废物,并严格执行危险废物转移联单制度
4	湖北	《湖北省机动车维修业管理办法》(湖北省人民政府令第 264 号)	维修业户应当具备与其经营类别及项目相适应的场地、设备、设施、专业技术人员、健全的机动车维修管理制度、必要的环境保护措施等条件。 禁止不具备危险货物运输车辆维修资质条件的维修业户承修危险货物运输车辆
5	四川	《关于进一步加强机动车维修行业危险废物规范化管理的通知》(川交函〔2017〕852 号)	①完善相关环保手续; ②建立危险废物规范化管理制度; ③健全危险废物管理台账; ④规范危险废物贮存场所和设施; ⑤规范危险废物转移处置行为; ⑥开展危险废物申报登记; ⑦强化环境污染防治和应急管理
6	新疆	《关于加强机动车维修与拆解行业危险废物管理的通知》(新疆维吾尔自治区环境保护厅,2014 年 7 月 8 日)	①各级环保部门要加大对辖区机动车维修与拆解单位的日常检查和排查工作,摸清辖区内机动车维修和拆解单位数量及危险废物产生情况,并将其纳入日常环境监管工作当中,严厉打击违法转移和非法经营危险废物的活动。 ②各级环保部门应积极做好辖区机动车维修与拆解单位危险废物转移申请的审批工作,危险废物类型固定、危险废物收集单位固定的原则上一次可批复1年。 ③依据《危险废物经营许可证管理办法》的规定,县级环保部门负责颁发从事机动车维修活动中产生的废矿物油危险废物收集经营许可证,县级环保部门应根据辖区机动车维修和拆解企业的实际情况,以满足需求控制过量的原则确定废矿物油收集单位的总体规模。 ④县级环保部门,须对申请单位的条件进行严格审查,不具备条件的不予颁发危险废物收集经营许可证。 ⑤县级环保部门每年应将颁发危险废物收集经营许可证的情况以及经营单位年度经营情况上报地州市级环保部门,地州市级环保部门汇总后每年 1 月底前上报自治区环保厅

续表

序号	地区	文件名称	环境保护要求
7	广州	《广州市机动车维修管理规定》(广州市人民政府令2009年第19号,2018年第二次修改)	机动车维修经营者不得占用道路、建筑物退让带、消防通道或者其他公共场所进行维修作业,选择经营场所和进行维修作业应当遵守环境保护、安全生产和市容环境卫生等有关规定,并采取必要措施保证安全生产、防止污染周边环境和影响居民正常生活
8	东莞	《机动车维修行业危险废物管理办法》	①危险废物贮存。机动车维修经营者危险废物贮存应符合《危险废物贮存污染控制标准》(GB 18597—2001),并按规定设置危险废物警告标志和危险废物标签。 ②规范处置。机动车维修经营者必须按照国家有关规定处置危险废物,不得擅自倾倒、堆放。严禁将危险废物提供或者委托给无危险废物经营许可证的单位和个人从事收集、贮存、利用、处置等经营活动。 ③依法转移。机动车维修经营者须按有关规定在广东省固体废物管理信息平台使用危险废物电子转移联单转移危险废物。跨省、自治区、直辖市转移危险废物的,应当向省级生态环境主管部门提出申请,经批准同意后方可转移。 ④危险废物运输。机动车维修经营者委托运输危险废物或办理运输交接手续时,应详细核实运输单位、车辆、驾驶员及押运员的资质,并根据废物特性,选择运输工具;若承运企业、车辆、人员不具备相应危险废物专业运输资质,应当停止运输交接活动,并立即向交通运输主管部门报告。 ⑤应急预案。机动车维修经营者应当将危险废物污染环境防治纳入突发环境事件防范措施和应急预案,并报生态环境主管部门备案。内容应包括危险废物的种类、产生量、危害性、突发事故的防护措施,并定期开展应急演练
9	宁波	《关于印发宁波市汽修行业危险废物规范化整治工作方案的通知》(甬环发〔2016〕3号)	①建章立制。建立健全汽车维修企业危险废物内部管理制度,落实具体责任人。与有相应资质的收集、处置单位签订委托处置合同,定期将危险废物转移处置。危险废物转移联单保存至少5年,危险废物的暂存期不超过一年。 ②规范暂存。汽车维修企业应设立相对独立的危险废物临时库房或暂存专区,做到地面硬化、防渗防淋。各种危险废物应分类存放于合适的容器中,不得相混,更不得混入一般生活垃圾。不同危险废物之间应有明显间隔。库房应便于废物装卸和运输。 ③规范标识。库房外部醒目位置应设置统一的危险废物警示标志和周知卡,需要随危险废物运输的外包装物应粘贴或悬挂符合规范的危险废物标签。 ④完善台账。汽车维修企业应建立危险废物管理台账,将产生的危险废物按不同种类入库登记,危险废物转移处置时须有交接记录和负责人签名。委托处置的危险废物种类、数量应与管理台账一致。 ⑤申报登记。汽车维修企业应每年将汇总后的危险废物种类、数量、流向等信息向当地环保部门进行网上申报。 ⑥应急预案。针对存放过程中可能发生的意外事故制定相应的应急处置预案,以便预先防范和及时有效应对,此外还应预设必要的应急仓库,以备不时之需。位于地势低洼的库房应设置防洪导流围堰,储存废机油等液态废物的应设置应急收纳设施

3.4.2 香港地区环境保护要求

3.4.2.1 香港环保署《汽车维修工场需要申请的牌照及登记-环保要求》

《汽车维修工场需要申请的牌照及登记-环保要求》中涉及的主要内容包括与车房合适选址有关的法律要求；空气污染管制条例；保护臭氧层条例；噪声管制条例及有关附属法规；废物处置条例及有关附属法规；水污染管制条例及有关附属法规。

《香港规划标准与准则》中规定汽车修理工场应设于远离住宅区或易受滋扰用途的地方。除非预先获得屋宇署批准，住宅楼宇不得用作车房或进行相关作业。喷油工序不得在非工业楼宇内进行。

若环保署巡查人员信纳从某处所排放的污染物会对附近环境构成滋扰或损害健康，环保署便会根据《空气污染管制条例》（第 311 章）向该处所拥有人发出《空气污染消减通知》。任何人若没有遵从此通知的规定消减空气污染，环保署便会提出检控。若被定罪，最高可被判处罚款港币 200000 元及监禁 6 个月。

《保护臭氧层条例》（第 403 章）订明会破坏臭氧层的化学品须予管制，其中包括部分冷气系统所用的雪种（制冷剂），如 CFC11，CFC12 等不符合环保原则的旧式雪种。车房负责人须使用经环保署署长核准的雪种回收机，并须备存最近一年的雪种添加及取出资料（雪种使用记录），以供查阅。任何人若不遵从以上规定，即属违法，最高可被处罚款 100000 元。

根据《废物处置（化学废物）（一般）规例》（第 354C 章）的规定，所有界定为“化学废物”的物料，包括固体及液体等物料，均须妥善处理。一般车房通常会产生以下化学废物：

① 废机油；

② 沾有机油的抹布、布碎（威士）及沙等；

③ 废冷气雪种（制冷剂）；

④ 所有有机溶剂及其空置容器；

⑤ 废油漆及其空置容器；

⑥ 沾有机油的油隔；

⑦ 废电池、引擎冷却剂等；

⑧ 含有石棉的刹车皮。

3.4.2.2 香港环保署《空气污染管制（挥发性有机化合物）规例》

2010 年该规例通过管制汽车维修漆料中的 VOCs 含量来控制 VOCs 的产生，其中对汽车修补涂料的挥发性有机物含量限值进行了规定，具体数值见表 3-14。

表 3-14 汽车维修中受限制的漆料 VOCs 限值

序号	受规管汽车修补漆料	VOCs 最高限值/(g/L)
1	黏合促进剂	840
2	透明涂料(非哑光装饰)	420
3	透明涂料(哑光装饰)	840

续表

序号	受规管汽车修补漆料	VOCs 最高限值/(g/L)
4	彩色涂料	420
5	多彩涂料	680
6	预处理涂料	780
7	底漆	540
8	单级涂料	420
9	临时保护涂料	60
10	纹理及柔软效果涂料	840
11	卡车货斗补垫涂料	310
12	车身底部涂料	430
13	均匀装饰涂料	840
14	其他汽车修补涂料	250

注：2011 年 10 月 1 日生效。

3.4.2.3 香港环保署《汽车维修业环保指南》

香港环保署的《汽车维修业环保指南》，对于汽车维修行业的常见污染问题、降低污染的实用要诀以及环保署和行业协会合理降低污染的机会等做了介绍。降低污染的要诀主要包括了理想选址、一般汽车维修工序的环保作业守则（包括车底及引擎维修、更换机油冷却剂及其他零件、维修制动系统及更换刹车皮、维修空调系统及更换冷气雪种等 12 种工序)、一般环保作业及管理守则。

3.4.2.4 汽车维修企业环保解决方案

汽车维修企业环保解决方案在环保汽车维修工场和喷涂设施两方面介绍了相关的环保要求。其中汽车维修工场的环保要求包含了化学废物、汽车空调系统、冷却剂、废电池、引擎维修和汽车废气排放、烧焊、打磨切割车身、清洁制动系统、更换刹车皮、废机油及废油隔、清洗汽车零件和洗车服务及污水处理 12 个方面。

① 化学废物应该存放于有围堰，不会发生化学反应且不发生渗透的地方，如专用的化学废物贮存柜内或指定地方；不同种类的化学废物应分开储存，贮存化学废物地方须设置警告牌。

② 采用经环保署核准的雪种回收机收集雪种（制冷剂），以循环再用。更换雪种时应小心检查回收机及所有接驳喉管，避免雪种泄漏。以仪器测试是否有雪种泄漏，可用荧光显影剂快速确定渗漏位置。详细记录及保存冷气雪种的消耗量。小心处理，避免不同雪种混合一起。

③ 小心收集冷却剂，并注入化学废物收集桶储存。冷却剂应独立储存，方便日后

集中处理。不要随处弃置冷却剂，并容许冷却剂滴漏。

④ 废电池应直立放置，避免倾侧泄漏酸性溶液。不要堆叠放置，避免挤压导致短路或外壳破裂泄漏酸性溶液。避免与水接触。如有需要，可将酸性溶液小心地由废电池倾倒出来，两者须以化学废物方式处理及分开放置。

⑤ 维修引擎及机械应以防渗漏的物料覆盖地上及使用收集器皿，防止泄漏机油及化学品污染土地。如有泄漏，应立即以处理化学品泄漏事故的方式处理。调试引擎及汽车废气排放应使用收集气喉将废气排放至空旷的地方。并在排放前加设污染控制设备，降低污染物排放。不要在露天公众地方进行调试，避免引擎废气及噪声造成滋扰。不要随意排放引擎废气，影响附近民居。

⑥ 对于烧焊烟雾使用摇臂式或可移动及附有活性炭的烧焊烟雾吸收装置，并应在室内工场进行烧焊且需使用适当空气污染控制系统妥善处理烧焊烟雾。

⑦ 对于打磨、切割车身时产生的粉尘及气味应使用摇臂式或可移动的微尘吸收装置，在室内工场进行打磨或切割工序，防止粉尘任意在空气中散播。

⑧ 清洗制动系统时应在车底设置器皿收集污水，不要任由污水泄滴地上。

⑨ 更换刹车皮时应用喷壶喷洒清洁剂以清理粉尘，并在车轮下设置器皿收集流出的污水。以处理化学废物方式处理含有石棉的刹车皮。不要使用风枪吹散粉尘。

⑩ 对于维修过程中产生的废机油和废油隔，应以废机油收集器收集废油，并注入化学废物收集桶储存。废机油与不同性质的化学废物分开储存，方便处理。废油隔（机油滤清器）应先将机油滴干，并以器皿收集，然后弃置于胶袋内，以弃置化学废物方式处理。不要随处弃置废油隔及容许机油滴漏，也不要将废机油倒进污水渠。

⑪ 使用水或其他溶剂清洗零件后，小心收集用过的清洗剂，以处理化学废物方式处理，并慎防溶剂泄漏。

⑫ 对于洗车过程的污水处理。应于工场内装置适当的排水系统，避免污水随地溢流；在工场四周装置堵截设施，如防水挡或集水沟，以防污水外溢。应在工场装置堵截设施，如防水挡，防止雨水流入加重污水控制设施，例如截油器的负担；装置污水控制设施，例如截油器，沉淀池等，以减少污染物排放。还应控制清洁剂、化学品使用量，减少污染物排放。对于清洗汽车引擎机械部分要使用威士或布块及合适溶剂清洁机械部分，不要使用清水直接清洗机械部分的油污。

喷涂设施的环保要求包含了汽车喷油及表面处理、喷枪、压缩空气设备和漆油调配室 4 个方面：

① 汽车喷油及表面处理要求不在非工业楼宇内进行喷油工作，不在住宅大厦范围

内进行喷油工作，溶剂及难闻气味会滋扰附近居民；不在露天地方、路边、没有装置空气污染控制设备的工场进行喷油，不使用水帘去阻隔气味及溶剂，使用设计合适的活性炭吸味器，吸收空气污染物，不将活性炭放入水中去除溶剂/油漆气味。

② 使用 HVLP 环保喷枪。HVLP 为高流量低压力（high volume low pressure）的简称。HVLP 喷枪是利用高空气流量及低雾化气压，令油漆传递效率提升，达到减少排放挥发性有机溶剂及油漆用量的目的。降低传统喷枪因使用高气压而导致过喷及大量漆雾从工件反弹所造成的污染。HVLP 喷枪能减少油漆的使用量，主要是它比传统喷枪有较高的油漆传递效率所致。传递效率是喷涂后有效附在物件上的油漆量与实际的油漆总消耗量的比值。传递效率越高，附在被喷涂物件上的油漆越多，油漆漆雾从工件反弹导致的浪费相对地减少，从而达到节省油漆的用量。

③ 为防止引起噪声滋扰，车房负责人应注意避免在户外地方及在晚上七时后使用高噪声的气动工具，勿将空气压缩机放置在室外。

④ 应选择低挥发性有机化合物含量的漆料或水剂漆料调配适当油漆用量，避免浪费。废油漆、溶剂应以处理化学废物方式分开处理。所有剩余或弃置的油漆及溶剂应尽量循环再用，不能循环再用的，以处理化学废物方式处理，小心存放，防止剩余或弃置的油漆及溶剂泄滴在地上，污染土地。不要随处弃置废油漆、溶剂。沾有油漆、溶剂的空器皿及物料等均属化学废物，应依照规定的方式处理。

3.5 环境保护行动计划及整治要求

《打赢蓝天保卫战三年行动计划》于 2018 年 7 月 3 日由国务院公开发布。在打赢蓝天保卫战行动中，针对汽车维修行业大气污染防治工作，各地提出了明确的环保要求。部分要求如表 3-15 所示。

表 3-15　部分地区打赢蓝天保卫战行动计划相关要求

地区	主要内容
北京市	开展汽车维修行业挥发性有机物污染治理。按照“整合一批、提升一批、淘汰一批”的原则，由市交通委牵头，对汽车维修行业进行分类管理，提高汽车维修企业从事喷漆工艺的准入门槛，促进汽车维修行业提质升级。探索取消核心区、城市副中心重点区域汽车维修企业喷漆工序，鼓励在六环路外建立集中化钣喷中心，集中高效处理。2020 年底前，完成全市一、二、三类汽车维修企业喷漆污染标准化治理改造，核心区、城市副中心重点区域的汽车维修企业退出钣金、喷漆工艺。市环保局组织开展汽车维修行业挥发性有机物控制技术与装备的筛选评估。全市每年对汽车维修企业执法检查不低于 3000 家(次)，定期对各区的执法检查率、违法查处率进行排名、通报。开展污染源挥发性有机物监控技术研究，并在汽车维修等服务领域推广

续表

地区	主 要 内 容
河北省	汽车维修行业喷漆房(车间)实行密闭作业,安装废气净化设施,2018年底前实现稳定达标排放;推进汽车维修行业底色漆使用水性、高固体分涂料替代溶剂型涂料
天津市	印发实施天津市机动车维修行业涂漆作业综合治理实施方案,2018年完成全市机动车维修企业涂漆作业提升改造和综合治理。大力推广环保涂料,在全市一类机动车维修企业改用水性环保型涂料的基础上,2018年底前全市所有涉及涂漆作业的机动车维修企业全部改用水性环保型涂料
广东省	各地级以上市按照省固定污染源VOCs监管系统要求全面开展排放调查,建立工业企业VOCs排放登记制度,建立并完善市级VOCs重点监管企业名录,启动重点监管企业VOCs在线监控系统安装工作;完成重点行业VOCs综合排放标准编制工作,开展火焰离子化监测(FID)在线监测技术规范前期研究。完成典型行业VOCs最佳可行技术案例筛选,设立治理示范项目,推广最佳可行控制技术。实施VOCs总量控制,推动实施原辅材料替代工程,全面完成省级重点监管企业"一企一策"综合整治并开展抽查评估;加强对重点机动车维修企业的监管
清远市	对机动车维修等行业喷涂作业进行地毯式排查,对调漆、喷漆、烤漆等产生VOCs的环节无废气收集处理装置或设施不符合要求的违法排污企业一律责令停业整治
绍兴市	开展对汽车维修行业喷涂作业的规范性整治,确保汽车维修打磨、烘喷、调漆等工序在密闭空间中进行,对产生的废气进行收集处理并达标排放,全面取缔露天和敞开式汽车维修喷涂作业
合肥市	积极推进汽车维修等行业使用低(无)VOCs含量原辅材料和产品。使用的汽车原厂涂料、木器涂料、工程机械涂料、工业防腐涂料即用状态下VOCs含量限值分别不高于580g/L、600g/L、550g/L、650g/L;除油罐车、化学品运输车等危险品运输车维修外,汽车修补漆使用即用状态下VOCs含量不高于540g/L的涂料,鼓励底色漆和面漆使用不高于420g/L的涂料。企业应依据排放废气的风量、温度、浓度、组分以及工况等,选择适宜的技术路线,确保稳定达标排放
哈尔滨市	强化汽车维修行业污染排放治理。推动汽车维修行业严格按照喷漆操作规程封闭作业,加大喷烤漆房废气治理设施建设,集中收集挥发性有机物废气并安装废气净化设施,鼓励采用水性漆等新材料、新工艺,减少挥发性有机物废气排放。对汽车维修行业喷漆房违法排污情况进行排查,推动挥发性有机物废气治理;2019年,全面取缔露天和敞开式汽车维修喷涂作业,实现汽车维修涂装喷烤漆房内作业;2020年,汽车维修企业实现达标排放

为进一步推进汽车维修行业污染防治工作,《重点行业挥发性有机物综合治理方案》(环大气〔2019〕53号)对汽车维修行业提出明确要求。一些地区专门针对汽车维修行业开展污染专项整治工作。相关规定可归纳为以下几方面:①使用水性漆;②采用高效喷涂工艺;③密闭操作;④建立钣喷中心;⑤采用高效废气处理工艺;⑥VOCs在线监测;⑦加强环保设备运行维护管理等。部分要求如表3-16所示。

表3-16 专项整治部分要求

文件名称	主要内容
重点行业挥发性有机物综合治理方案	对涂装类企业集中的工业园区和产业集群,如汽车维修等,鼓励建设集中涂装中心,配备高效废气治理设施,代替分散的涂装工序
南京市机动车维修行业挥发性有机物污染专项整治工作方案	机动车维修企业应逐步使用水性等低挥发性有机物含量的环保型涂料,限制使用溶剂型涂料。鼓励有喷漆工艺的机动车维修企业与钣喷中心开展业务协作……喷漆和烘干操作应在喷烤漆房内完成,产生的挥发性有机物集中收集并导入挥发性有机物处理设施,达标排放
扬州市汽车维修行业挥发性有机物(VOCs)污染专项治理工作方案	使用涂料必须符合国家及地区挥发性有机物含量限值标准,减少溶剂型涂料使用;建有烤漆房的二类以上汽车维修单位,鼓励其与钣喷中心开展业务协作,促进行业钣金喷漆集中式、节约化、环保型发展;密闭排气系统、挥发性有机物污染治理设备应与产生VOCs的生产工艺同时运行,不得停运或减运;含挥发性有机物的原辅材料在运输和储存过程中应保持密闭,使用过程中随取随开,用后应及时密闭,以减少挥发;汽车维修单位应每月记录使用含挥发性有机物的原料名称、挥发性有机物含量、购入量、使用量和输出量等信息

续表

文件名称	主要内容
天津市机动车维修行业涂漆作业综合治理实施方案	自2019年1月1日起，全市所有涉及涂漆作业的机动车维修企业全部改用水性环保型涂料。推广采用静电喷涂等高涂着效率的涂装工艺，喷漆流平和烘干等工艺操作应置于喷烤漆房内，使用溶剂型涂料的喷枪应密闭清洗。推动建立区域性集中式钣喷中心。严格采取末端治理和危险废弃物无害化处置等措施，实现涂漆工艺技术和装备水平的整体提升，鼓励涉及涂漆作业的机动车维修企业与钣喷中心开展业务协作
廊坊市汽车维修行业挥发性有机物污染专项整治工作方案	汽车维修企业对现有喷漆、烤漆房进行密闭改造，不得出现跑气、漏气现象，并匹配建设废气吸引风系统；对产生VOCs的工序进行密闭收集，并经高效治理设施处理后排放，提升VOCs气体收集率，最大限度减少无组织废气逸散；采用先进高效的末端治理设施，不断提高废气处理率，保证废气能够连续稳定达到河北省《工业企业挥发性有机物排放控制标准》(DB13/ 2322—2016)
佛山市机动车维修行业挥发性有机物整治工作方案	鼓励倡导汽车维修企业全面开展涂料的水性改造和使用……规范废气收集系统，安装具备处理漆雾、过滤粉尘、去除异味、高效净化有机废气功能的污染防治设施，治理技术建议不使用等离子、光催化氧化等单级治理技术，鼓励采用前处理后吸附脱附、催化燃烧、燃烧、活性炭吸附+脱附装置等污染物去除效率较高的技术……根据《广东省打赢蓝天保卫战三年行动方案》(粤府〔2018〕128号)要求，未能完成底、中漆环保型涂料替代的汽车维修企业要安装VOCs在线监测(监控)设施，并与生态环境部门联网……大力推广汽车维修行业实施集中喷涂中心建设，鼓励使用油性涂料涂装作业工序进入集中喷涂中心进行。取缔露天和敞开式汽车维修喷涂作业……喷涂、补漆、流平、烘干等维修作业应在密闭喷烤漆房中进行，调漆、清洗喷枪等涉有机废气排放的操作应设置密闭空间或设备。企业应采用车间环境负压、安装高效集气装置等方式收集VOCs废气并导入处理设施处理，并确保涉VOCs操作场所及排风筒附近无明显异味
广州市关于开展机动车维修行业挥发性有机物(VOCs)污染整治工作的通知》	全面推广使用低挥发性有机物含量涂料，使用比例达到80%以上……涂料及有机溶剂、清洗剂等含挥发性有机物的原辅材料在运输、转移、储存等过程中应保持密闭……深化末端挥发性有机物污染治理，安装具备处理漆雾、过滤粉尘、去除异味、高效净化有机废气功能的污染防治设施，淘汰单一活性炭吸附处理工艺，并做好日常维护保养工作

3.6 资源能源节约标准

3.6.1 取水定额

洗车是汽车维修企业水资源消耗的重点工序，为引导洗车行业节约用水，部分地区制定了取水定额，如表3-17所示。

表3-17 部分地区洗车取水定额 L/(辆·次)

序号	地区	取水定额		
1	广东	中型以上客车、中型以上货车	包底盘	600
			不包底盘	200
		轻型客车、轻型货车	包底盘	300
			不包底盘	70
		轿车、微型客车、微型货车	包底盘	220
			不包底盘	45

续表

序号	地区	取水定额	
2	广西	洗车	600
3	江苏	洗车	130
4	浙江	轿车	40
		小型车	45
		中型车	55
		大型车	80
5	河南、江西	微型车	200
		小型车	250
		大型车	350
		大型载重车	400
6	辽宁	小型车	70
		中型车	100
		大型车	150
7	吉林	小型车	10
		中型车	15
		大型车	25
8	安徽	—	80～150
9	湖南	按洗车区域面积	100L/(m^2·d)
10	北京	手工洗车	22
		自动洗车	31

其中，北京市地方标准《公共生活取水定额　第7部分：洗车》（DB11/ 554.7—2012）提出管理要求如下：

① 完善健全的计量系统，一级水表计量率达到100%，洗车取水应单独计量；有完善的计量台账。

② 洗车站点应配备循环用水设施，循环率应达到80%。

③ 节水器具应符合CJ/T 164，安装率应达到100%。

从表3-17可知，国家没有洗车统一的取水定额，各地区取水定额差异较大。

3.6.2 能耗限额

《汽车喷烤漆房能源消耗量限值及能源效率等级》（JT/T 938—2014）规定了汽车喷烤漆房能源消耗量限值、能源效率等级、能源消耗量测试与计算方法以及能源效率等级标识等。该标准适用于汽车维修作业用喷烤漆房，其他汽车喷烤漆房可参照执行。

各级喷烤漆房典型能源消耗量应不大于表3-18的规定。

表 3-18 喷烤漆房典型能源消耗量及能源效率等级 kgce/m²

项目	能源效率等级				
	1 级	2 级	3 级	4 级	5 级
能源消耗量	0.12	0.15	0.22	0.27	0.32

3.7 汽车维修业开业条件

国家和部分地区制订了汽车维修业开业条件，如《汽车维修业开业条件 第 1 部分：汽车整车维修企业》（GB/T 16739.1—2014）、《汽车维修业开业条件 第 2 部分：汽车综合小修及专项维修业户》（GB/T 16739.2—2014）、江苏省地方标准《机动车维修业开业条件 第 1 部分：汽车整车维修企业》（DB32/T 1692.1—2010）等。部分标准提出了环境保护的相关要求。

3.8 汽车零部件再制造标准

汽车零部件再制造是一种全新的“资源-产品-报废-再生利用”循环经济模式和理念，能够充分利用资源，保留原材料生产加工的附加值，最大限度地实现节材、节能、环保、低成本等。以汽车发动机为例，再制造产品与新品相比，市场价格相当于新机的 50%～60%，但可节约 60%的能源、70%的原材料，降低 80%的排放。

《中华人民共和国循环经济促进法》指出，“国家支持企业开展机动车零部件、工程机械、机床等产品的再制造和轮胎翻新”；并规定“销售的再制造产品和翻新产品的质量必须符合国家规定的标准，并在显著位置标识为再制造产品或者翻新产品”。2010 年 2 月 20 日，国家发展和改革委员会、国家工商管理总局以《关于启用并加强汽车零部件再制造产品标志管理与保护的通知》（发改环资〔2010〕294 号）正式启用了汽车零部件再制造产品标志。

我国再制造产业经过多年的发展，在关键技术、装备、试点示范、标准、产业化等方面取得了一些突破性进展，实现了从无到有的转变。2008 年，国家标准化管理委员会批准成立了“全国绿色制造标准化技术委员会再制造分技术委员会”，该委员会陆续制订和出台了《再制造 术语》（GB/T 28619—2012）等共性基础标准。2012 年以来，多个与汽车零部件再制造相关的国家标准、行业标准和技术规范陆续发布，为汽车零部件再制造产业的规范化发展奠定了基础。与汽车零部件再制造有关的国家标准和行业标准如表 3-19 所示。

表 3-19 与汽车零部件再制造有关的国家标准和行业标准

序号	标准号	标准名称
1	GB/T 28618—2012	机械产品再制造 通用技术要求
2	GB/T 28619—2012	再制造 术语
3	GB/T 28620—2012	再制造率的计算方法
4	GB/T 28672—2012	汽车零部件再制造产品技术规范 交流发电机
5	GB/T 28673—2012	汽车零部件再制造产品技术规范 起动机
6	GB/T 28674—2012	汽车零部件再制造产品技术规范 转向器
7	GB/T 28675—2012	汽车零部件再制造 拆解
8	GB/T 28676—2012	汽车零部件再制造 分类
9	GB/T 28677—2012	汽车零部件再制造 清洗
10	GB/T 28678—2012	汽车零部件再制造 出厂验收
11	GB/T 28679—2012	汽车零部件再制造 装配
12	GB/T 31207—2014	机械产品再制造质量管理要求
13	GB/T 31208—2014	再制造毛坯质量检验方法
14	GB/T 32222—2015	再制造内燃机 通用技术条件
15	GB/T 32809—2016	再制造 机械产品清洗技术规范
16	GB/T 32810—2016	再制造 机械产品拆解技术规范
17	GB/T 32811—2016	机械产品再制造性评价技术规范
18	GB/T33221—2016	再制造 企业技术规范
19	GB/T 33518—2017	再制造 基于谱分析轴系零部件检测评定规范
20	GB/T 33947—2017	再制造 机械加工技术规范
21	GB/T 34595—2017	汽车零部件再制造产品技术规范 水泵
22	GB/T 34596—2017	汽车零部件再制造产品技术规范 机油泵
23	GB/T 34600—2017	汽车零部件再制造产品技术规范 点燃式、压燃式发动机
24	GB/T 35977—2018	再制造 机械产品表面修复技术规范
25	GB/T 35978—2018	再制造 机械产品检验技术导则
26	GB/T 35980—2018	机械产品再制造工程设计 导则
27	GB/T 37654—2019	再制造 电弧喷涂技术规范
28	GB/T 37672—2019	再制造 等离子熔覆技术规范
29	GB/T 37674—2019	再制造 电刷镀技术规范
30	QC/T 1070—2017	汽车零部件再制造产品技术规范 气缸体总成
31	QC/T 1074—2017	汽车零部件再制造产品技术规范 气缸盖

3.9 发达国家汽车维修行业环保政策标准

3.9.1 美国汽车维修环保政策标准

美国环境保护署（U. S. Environmental Protection Agency，EPA）1991 年颁布了《汽车维修行业污染预防指南》。该指南主要包括四部分内容，即废物最小化评估方法、汽车维修过程中的主要环境问题、汽车维修行业的废物最小化评估和汽车修理行业的废物最小化评估工作表。

该指南的核心内容是废物最小化评估方法（如图 3-1 所示）。该方法通过筹划和组织、评估、可行性分析、绩效评价的流程对汽车维修企业存在的污染问题进行识别，筛选和确定解决方案，并对解决方案的运行效果进行评价。

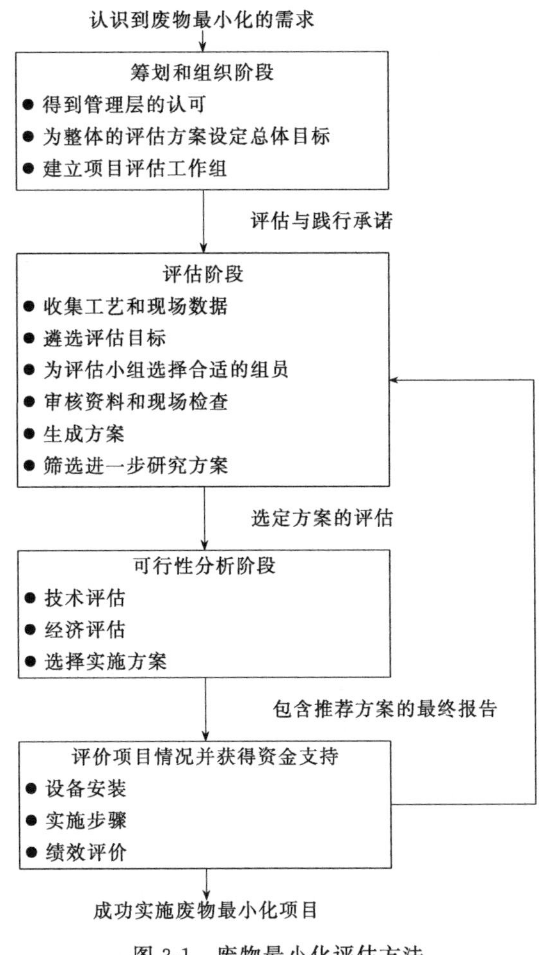

图 3-1　废物最小化评估方法

同时，《汽车维修行业污染预防指南》针对店铺清洁、零件清洗、汽车维修过程的废物最小化方案进行了汇总，具体要求如表 3-20 所示。

表 3-20 美国汽车维修行业废物最小化方案列表

行为	产生废物	最小化方案
店铺清洗	过期用品	电子化清单盘点 优先使用库存时间长的产品 确定最小库存 库房日常检查
	脏的抹布和锯末	减少溢出和泄漏 从洗衣房租借抹布
	碱性地板清洗剂	对优秀员工进行奖励 在产生泄漏的车或零件下放置托盘 合理储存废品(使用具有自动关闭、防漏的容器)
	沉淀池污泥	减少溢流和泄漏 禁止把地面尘土和垃圾冲至沉淀器
零件清洗	废溶剂和废气排放	使用低毒无害溶剂制定清洗方案 合理使用溶剂 禁止将溶剂用于清洁地面 提高清洗效率 监测溶剂成分 合理使用溶剂清洗槽 使用接水托盘保证足够的排水时间 不使用时盖上盖子 与供应商签订溶剂清洗设备维护合同 安装溶剂就地回用设备
	废水	使用洗涤剂替代碱性清洁溶剂 清洗前使用钢丝刷清理等方法进行预清洁 通过监测成分维持溶剂质量 制定合理的设备维护工作准则 对清洗槽进行连续过滤
汽车维护	废液(机油、冷却液、传动液)	合理储存,并分类储存以利于循环使用
	可利用零件	转让或销售给零件再制造商
	电池	如果没有破裂,卖给外面的回收者
	氟利昂	使用循环设备重新利用

美国 EPA 于 1998 年颁布了《全国汽车整修喷涂排放标准》。该标准对涂料中的 VOCs 含量做出了规定，具体数值如表 3-21 所示。另外，该标准还对涂料的标签提出要求，每个涂料容器都必须有一份标签，标签上标注生产日期（年月日）或者一组表示生产日期的代码。

美国 EPA 在 2010 年颁布了《喷涂和表面涂装法规》。该法规的关注对象主要为有毒空气污染物（HAPs），其中有几个关键化学品如含铬、铅、锰、镍、镉化学品要特别注意。另外，在喷涂和表面涂装中还需要重点关注二氯甲烷的含量。当企业使用的喷漆中含有的二氯甲烷大于1t/a时，需提交书面的消减计划书。

表3-21　汽车整修涂料VOCs含量标准　　g/L(lb/gal[1])

涂料类别	VOCs含量	涂料类别	VOCs含量
预处理底漆	780(6.5)	3个或多个阶段面漆	630(5.2)
底漆、中喷涂	580(4.8)	多彩色面漆	680(5.7)
封闭底漆	550(4.6)	特种涂料	840(7)
单/双级面漆	600(5)		

对于喷涂企业的喷涂过程，该法案有以下几方面的要求：

① 涂装人员需经过专业培训并获得相应的证书；

② 在密闭的涂装间、配料间（配备收集效率≥98%的过滤系统或水幕），并在负压下操作；

③ 移动式通风机箱的现场维修必须密封被涂表面周围的区域，保证过涂部分也在通风箱内可直接接到过滤器；

④ 喷涂的喷枪要在高流量低压力喷枪、静电喷枪、无空气喷枪、空气辅助无气喷枪这几种类型中选取，并且需对清洗喷枪的溶剂进行回收。

美国联邦事务环境与履约援助中心关于汽车维修的法案，主要关注点包括：

① 汽车修理过程中，关注汽车的空调系统，避免CFCs的排放；

② 部分刹车片和离合器所含有的石棉；

③ 脱脂剂（如零件清洗废液，二氯甲烷、全氯乙烯、三氯乙烯、三氯乙烷、三氯甲烷、四氯甲烷）；

④ 一些大城市的汽车需要进行尾气排放测试；

⑤ 汽车的加油过程，如1985年12月31日以后，汽油含铅量要求低于0.05g/gal；另外，对于有最小含氧量要求地区和没有最小含氧量要求地区的汽油中含硫、芳香烃的比例有不同的要求；

⑥ 车灯开关中及车辆最终处置过程中的汞；

⑦ 喷漆房中有关有机溶剂的使用和VOCs的排放；

⑧ 废物的回收及循环利用；

⑨ 废油（废油不可以排入水体或者倒入非危险废物处理场地中）；

---

[1] 1lb=453.59g，1gal=3.79L。

⑩ 禁止将汽车修理过程中产生的废机油、燃料、制动液、防冻液、水溶性金属和清洗溶剂等废物排入地下排水井，需通过隔油措施处理；

⑪ 汽车的清洗过程，要求清洗废水经过隔油沉砂等预处理后进入市政排水系统或者经隔油预处理后排放到环境中。

其他相关文件包括2008年发布的《国家有毒大气污染物排放标准：面源的除漆和表面涂装活动（修订版）》《喷枪等价批准》（主要为HVLP喷枪）。

3.9.2 加拿大汽车维修环保政策标准

加拿大环保局2004年发布了《汽车在销售后的污染防治实践》。该文件介绍了汽车销售后所面对的环境污染问题及防治措施。这个文件的主要内容包括了汽车后市场污染防治现状情况和处置汽车业废物的最佳实践方法两大部分。

第一部分污染防治现状情况，介绍有关汽车维修部分的主要内容，包括涂装过程中的油漆、稀释剂和清洁剂的使用要求，需使用低VOCs的涂料、高效喷枪、喷枪清洁设备配备、涂装工作人员培训、喷漆房按要求进行认证、保留涂装VOCs排放记录等方式有效地控制污染；汽车空调的相关要求，淘汰CFCs的使用，使用循环利用回收装置，禁止排入环境，相关人员培训和记录保存等要求；废旧轮胎回收利用的要求；废油、废滤芯和废容器的相关利用等；汽车零部件的回收再利用；废玻璃回收利用。表3-22列出了当时加拿大部分地区废物回用的情况，其中废油、废油滤芯循环利用率较高，而废油容器的循环利用率较低。

表3-22 加拿大各省市废物回用情况表

省市	汽车注册总数/辆	废油循环利用量/10^6L	废油滤芯循环利用量/10^6个	废油容器循环利用量/kg
阿尔伯塔省	3116087	66.42(73%)	5.92(89%)	1215185(45%)
马尼托巴省	820002	11.8(79%)	1.50(75%)	164000(18%)
萨斯喀彻温	819647	15.35(77%)	5.92(82%)	193150(19%)
总计	4755736	93.57	13.34	1572335

注：括号内为循环利用率。

第二部分处置汽车业废物的最佳实践方法，表3-23给出了文件中提到的多种汽车业废物处理的相关方案概述。主要介绍了第一部分提到的几大类型的汽车业相关废物进行循环、削减、再利用以及最终处置的最佳实践方法。

表 3-23 各种废物最佳处理方式表

废物	最佳处理方式				
	循环	削减	再利用	操作规程	排放
石棉刹车片	×	√	×	√	×
用过的防冻液	√	√	√	√	×
旧汽车零件	√	×	√	√	√
旧电池	√	√	×	√	×
废刹车液	√	×	×	√	√
洗车废水	√	√	√	√	√
容器/包装	√	√	√	√	√
排放废水	√	√	×	√	√
截留污泥	×	√	×	√	√
废机油/滤芯	√	√	×	√	×
油漆和涂料	√	√	√	√	√
制冷剂	×	×	×	√	√
废轮胎	√	√	√	√	×
风挡玻璃	√	×	√	×	√

3.9.3 国外汽车维修行业环保政策标准对我国的启示

汽车维修行业的监管不仅仅是道路运输管理部门的责任，应该建立完善生态环境管理部门与工商部门、公安部门、质监部门、发改委等多部门联合执法的机制，相关部门要加强横向联合，形成汽车维修行业管理的合力。

美国、德国和日本对汽车维修行业的从业人员有完善的管理制度，实施严格的职业资格准入制度，如美国的 ASE 职业资格，德国汽车检测高级技工的“Master”证书，日本的汽车整备士制度，均对汽车维修行业的从业人员规定了严格的条件。完善从业人员综合素质提升制度，增加环保知识培训，既能提高汽车维修从业人员理论和技能水平，又能促进汽车维修行业的绿色健康发展。

第 4 章
汽车维修行业环境保护技术

4.1
环保技术概况

为满足第三章介绍的相关环保政策标准的要求，汽车维修行业开展了一系列技术改造，新材料、新装备、新技术得到了应用，从源头削减、过程控制、末端治理等方面推进技术升级和污染防治水平提升。

《汽车喷烤漆房》（JT/T 324—2008）规定了喷烤漆房的各项技术要求，其中对于废物排放的要求有：

① 喷烤漆房应有专用排气净化装置，包括漆雾过滤与废气净化；

② 苯系物等气体排放应符合 GB 16297 和国家现行法规的规定；

③ 作业区内 1.5m 以上（呼吸带）苯系物最高允许浓度应符合 GB 6514 的规定。

交通运输部在《公路水路交通运输节能减排“十二五”规划》“十大重点工程”中提出了绿色维修工程，规划中要求“针对目前我国机动车维修业的环保状况，从机动车维修业的废物分类、管理要求、维修作业和废弃物处理等方面加强机动车维修的节能减排，重点加强对废水、废气、废机油、废旧蓄电池、废旧轮胎等废弃物的处置和污染治理。”

江苏、山东、辽宁、宁夏等地开展了“绿色汽修”试点创建工作，其中江苏省南京市重点开展以下工作：一是直接产生节能型的维修设备的改进和运用，包括节能型远红外线（或短波红外）烤漆房应用替代柴油烤漆房，集中供气系统，节能型零部件清洗（或生物降解清洗）方法替代汽油清洗；二是废气、废水、废油、废液等减排技术的运用，包括油水分离池、节水外部清洗机或洗车水循环利用设备、制冷剂回收净化加注机、烤漆房环保柜（带过滤棉、活性炭和风机等）、调试车间或工位尾气净化装置、高精度排气分析仪或烟度计、无尘干磨设备、气动废油收集机、气动制动液更换加注机、洗枪机或稀料回收再利用设备、免拆车身整形设备等；三是本着资源共享兼顾效益原则，有条件地运用旧部件损坏件再加工技术，包括发动机总成、变速箱总成再加工技术，车身修复技术，维修作业现场管理技术，以及“六废一残”规范化处置技术等。

汽车维修业常见环保方案如表 4-1 所示。

表 4-1 汽车维修业常见环保方案

分类	设备和材料
机电维修清洁生产技术(装备)	超声波清洗设备
	制冷剂回收、净化、加注设备
	制冷剂鉴别设备
	调试车间或工位尾气收集净化设施、装置
	汽车故障电脑诊断仪
	内窥镜
	异响诊断仪
	免拆清洗修复设备
	底盘测功机(用于测量排放和油耗)
	碳平衡油耗仪
钣金清洁生产技术(装备)	等离子切割设备
	点焊机
	二氧化碳保护焊机
	车身精密测量设备
	车身整形机
	铝合金车身修复成套设备
喷涂清洁生产技术(装备)	节能环保烤漆房
	无尘干磨设备
	水性漆喷涂设备(如喷枪、滤芯等)
	水性漆(材料)
	洗枪机
	稀料回收再利用设备
其他清洁生产技术(装备)	集中供气系统建筑设施、空压机等设备
	节水外部清洗机或洗车水循环利用设施、设备

4.2 原料替代技术

4.2.1 水性漆

在世界范围内，水性修补漆技术从 20 世纪 80 年代就开始进行研发，技术完善和市场化的过程耗时 10 年之久，一直到 90 年代才首次从欧洲开始商业化生产并推向市场。1995 年英国发布了《环境法》；同年，德国发布了清洁空气法规，要求喷涂施工时，有机物挥发排放量不大于 35g/m^2，而传统的溶剂型产品 VOCs 排放约为 125g/m^2。这些环境法规的实施对涂料行业走向水性化产生了较大影响。在随后的三年相似的法规在欧盟范围内被推广实施。

水性修补漆推向市场的初期阶段主要依靠欧洲领先的汽车主机厂推动。2000年之后，欧盟实施了一系列分行业限制VOCs排放的政策推动水性漆的全面普及。美国加州南海岸空气质量管理局在1998年也通过了针对汽车维修行业的Rule1151，旨在限制区域性的VOCs排放，加州成为美国首个有VOCs限排政策的地区，马里兰州、特拉华州以及犹他州的部分地区紧随其后，开始在汽车修补作业中大规模使用水性产品。此时，国际修补漆厂商开始着手研发推广新一代的水性修补漆产品。

在中国，拥有成熟技术的国际修补漆厂家在20世纪90年代末已着手将水性修补漆产品引入中国。直到2005年左右，水性修补漆在中国开始以较快的速度在大型主机厂4S店得以推广使用。

自2005年起，以奔驰和宝马为代表的欧洲主机厂（OEM）出于保持与他们在欧洲市场所用修补漆一致、提升涂料效率、企业社会责任的原因，主动在其4S店网络推广使用水性修补漆产品。特别是2008年北京举办奥运会期间，由于北京政府对环境的要求，所有高端汽车品牌4S店都被要求使用水性修补漆产品。

2008年之后，在主机厂与国际水性修补漆厂家的协同推动下，水性修补漆的市场占有量逐步提升，但行业整体发展速度仍较缓慢。虽然水性修补漆性能卓越，具有非常好的施工效率和环境友好特性，但从溶剂型修补漆体系转到水性修补漆体系还是有一定的难度。考虑到前期投入成本、修补效率、水性漆价格和喷涂技术难点等因素，汽车维修行业对于大规模使用水性漆仍然持观望态度。

这一状况在2013年得到了决定性的改变。自2013年起，国家和地方政府开始重拳治理环境污染，其中，针对涂料市场，推出多个VOCs污染防治政策和标准来确保降低在汽车制造和修补环节中的VOCs排放。汽车修补行业受到环保标准的驱动，开始将目光更多地投向水性修补漆产品。由传统的溶剂型修补漆体系向水性修补漆体系的转变开始加速。4S店、汽车维修店，特别是针对中高端品牌的汽车维修店，对于水性修补漆的接受度也日渐增强。基于对符合法律要求、企业社会责任和可持续商业战略的考量，他们逐渐转变到使用水性修补漆的阵营中来。

目前，根据《中国水性修补漆技术和应用白皮书》的统计，2015—2017年我国水性汽车修补漆消费量分别为205×10^4L、235×10^4L、281×10^4L，溶剂型修补漆消费量分别为9265×10^4L、9285×10^4L、9349×10^4L，水性修补漆的使用比例不足3%，远远低于欧美国家。

汽车维修行业的喷涂作业工序建议使用水性漆，可以有效减少使用油性溶剂型漆而产生的 VOCs。水性漆与有机溶剂型漆对比如表 4-2 所示。

表 4-2 水性漆与有机溶剂型漆对比表

指标	水性漆	有机溶剂型漆
环保性	底色漆 VOCs 排放量降低约 65%	VOCs 排放量高
价格	约高 4%	低
效率	效率高	一般
质量	遮盖力好，色漆流平，驳口容易	一般
设备要求	需改造和增加设备	一般

如图 4-1 所示，与溶剂型漆相比，水性漆中涂漆、底色漆中的挥发性有机物含量削减 90%，清漆尚无水性漆替代。总体而言，水性漆比溶剂型漆的挥发性有机物含量削减了 65%。

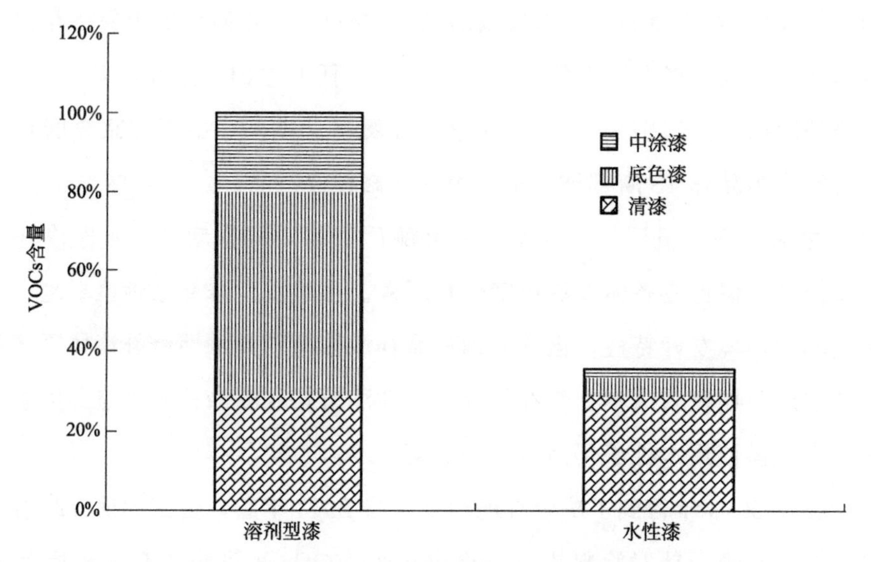

图 4-1 溶剂型漆和水性漆挥发性有机物含量对比图

水性漆的溶剂主要成分是水，此外还含有少量乙酸乙酯、乙酸丁酯等有机溶剂，与溶剂型漆中常见的甲苯、二甲苯溶剂相比，其危害性大大降低。常见溶剂的性质数据见表 4-3、表 4-4、表 4-5。

表 4-3 甲苯危险有害因素识别表

类别	信息参数	
基本信息	中文名	甲苯、甲基苯
	英文名	Methylbenzene；Toluene
	分子式	C_7H_8
	分子量	92.14
	危险货物编号	32052

续表

类别	信息参数	
基本信息	UN 编号	1294
	CAS 号	108-88-3
	危险性类别	第 3.2 类中闪点易燃液体
理化性质	外观与性状	无色透明液体,有类似苯的芳香气味
	熔点/℃	−94.9
	沸点/℃	110.6
	饱和蒸气压/kPa	4.89(30℃)
	相对密度(空气=1)	3.14
	相对密度(水=1)	0.87
毒性及健康危害	侵入途径	吸入、食入、经皮吸收
	毒性	LD_{50}:1000mg/kg(大鼠经口);12124mg/kg(经兔皮) LC_{50}:5320mg/kg,8h(小鼠吸入)
	健康危害	对皮肤、黏膜有刺激作用,对中枢神经系统有麻痹作用;长期作用可影响肝、肾功能。 急性中毒:病人有咳嗽、流泪、结膜充血等;重症者有幻觉、谵妄(急性脑综合征)、神志不清等,有的有癔症样发作。 慢性中毒:病人有神经衰弱综合征的表现,女工有月经异常,工人常发生皮肤干燥、皲裂、皮炎
	急救方法	皮肤接触:脱去被污染的衣着,用肥皂水和清水彻底冲洗皮肤。 眼睛接触:提起眼睑,用流动清水或生理盐水冲洗,就医。 吸入:迅速脱离现场至空气新鲜处,保持呼吸道通畅,如呼吸困难,给输氧;如呼吸停止,立即进行人工呼吸,就医。 食入:饮足量温水,催吐,就医

表 4-4　二甲苯危险有害因素识别表

类别	信息参数	
基本信息	中文名	二甲苯、二甲基苯
	英文名	Xylene
	分子式	C_8H_{10}
	分子量	106.17
	危险货物编号	33535
	UN 编号	1307
	CAS 号	95-47-6
	危险性类别	第 3.2 类中闪点易燃液体
理化性质	外观与性状	无色透明液体,有类似甲苯的气味
	熔点/℃	−25.5
	沸点/℃	144.4
	饱和蒸气压/kPa	1.33(32℃)
	相对密度(空气=1)	3.66
	相对密度(水=1)	0.88

续表

类别	信息参数	
毒性及健康危害	接触限值	中国 MAC:100mg/kg 苏联 MAC:50mg/ kg 美国 TVA:OSHA100mg/kg,434mg/m^3 ACCIH:100mg/kg,434mg/m^3 美国 STEL:ACGIH:150mg/kg,651mg/m^3
	侵入途径	吸入、食入、经皮吸收
	健康危害	对皮肤、黏膜有刺激作用,对中枢神经系统有麻醉作用;长期作用可影响肝、肾功能。 急性中毒:病人有咳嗽、流泪、结膜充血等;重症者有幻觉、神志不清等,有时有癔症样发作。 慢性中毒:病人有神经衰弱综合征的表现,女工有月经异常,工人常发生皮肤干燥、皲裂、皮炎

表 4-5 乙酸乙酯、危险有害因素识别表

类别	信息参数	
基本信息	中文名	乙酸乙酯、醋酸乙酯
	英文名	ethyl acetate;aceticester
	分子式	$C_4H_8O_2$
	分子量	88.10
	危险货物编号	2651
	UN 编号	1173
	CAS 号	141-78-6
	危险性类别	第 3.2 类中闪点易燃液体
理化性质	熔点/℃	−83.6
	沸点/℃	77.2
	饱和蒸气压/kPa	13.33(27℃)
	相对密度(水=1)	0.90
	相对密度(空气=1)	3.04
毒性及健康危害	接触限值	PC-TWA:200mg/kg; PC-STEL:300mg/kg; 急性毒性:LD_{50} 5620mg/kg(大鼠经口);4940mg/kg(兔经口);LC_{50} 5760mg/kg,8h(大鼠吸入)
	侵入途径	吸入、食入、经皮吸收
	健康危害	对眼、鼻、咽喉有刺激作用。高浓度吸入可引起进行性麻醉作用,急性肺水肿,肝、肾损害。持续大量吸入,可致呼吸麻痹。误服者可产生恶心、呕吐、腹痛、腹痛、腹泻等。有致敏作用,因血管神经障碍而致牙龈出血;可致湿疹样皮炎。 慢性影响:长期接触本品有时可致角膜混浊、继发性贫血、白细胞增多等

如表 4-6 所示，水性漆的最大优点是涂层质量与传统溶剂型漆相当，但 VOCs 排放量小，其排放量约为溶剂型漆的三分之一。一个合格的溶剂型漆钣喷车间只需在原有设备条件下，配置水性漆专用喷枪、专用吹风枪和专用洗枪机就能满足水性漆喷涂施工的

日常需要。

表 4-6 某汽车维修企业油漆使用情况表

序号	原料名称	组分名称	含量/%
1	中涂漆 5310（水性漆）	乙酸正丁酯	10～20
		白云石	5～10
		二氧化钛	5～10
		二甲苯	5～10
		磷酸锌	5～10
		方英石	3～5
		1,2,4-三甲苯	1～3
		轻芳烃溶剂石脑油(石油)	1～3
		乙基苯	1～3
		氧化锆	0.3～1.0
		油胺脂肪酸化合物	0.1～0.3
		氧化锌	0.1～0.3
2	水涂色漆	云母	3～5
		正戊醇	3～5
		1-丙醇	3～5
		1-甲氧基-2-丙醇	3～5
		二氧化钛	3～5
		丙酮	0.3～1.0
		2-丙酮	0.3～1.0
3	清漆 8035（油性漆）	5-甲基-2-己酮	20～30
		轻芳烃溶剂石脑油(石油)	5～10
		1,2,4-三甲苯	3～5
		乙酸正乙酯	3～5
		1,3,5-三甲苯	1～3
		二甲苯	1～3
		癸二酸双(1,2,2,6,6-戊甲基-4 哌啶基)酯	0.3～1.0
		乙酸	0.1～0.3
		光稳定剂	0.1～0.3
		乙基苯	0.1～0.3
		新癸酸,2,3-环氧丙酯	0.1～0.3
4	固化剂 3315	已二异氰酸酯低聚物	40～50
		乙酸正丁酯	10～20
		3-乙氧基丙酸乙酯	10～20
		乙酸-2-丁氧基乙酯	5～10
		轻芳烃溶剂石脑油(石油)	3～5

续表

序号	原料名称	组分名称	含量/%
4	固化剂 3315	二甲苯	3～5
		1,2,4-三甲苯	1～3
		乙基苯	0.3～1.0
5	稀释剂 3364	乙酸正丁酯	50～60
		二甲苯	20～30
		轻芳烃溶剂石脑油(石油)	5～10
		乙基苯	5～10
		1,2,4-三甲苯	3～5

水性漆喷涂的喷漆室的最佳温度为20～26℃，最佳相对湿度为60%～75%。允许温度为20～32℃，允许相对湿度为50%～80%。因此喷漆室内必须有适当的调温调湿装置。国内汽车涂装喷漆室冬天都可以调温调湿，夏天却很少有调温调湿的，因为需要的制冷量太大，所以很少送冷风。因此在高温高湿地区，如果使用水性漆，必须安装喷漆室中央空调，夏季也需要送冷风，这样才能保证水性漆的施工质量。

综上所述，为确保转换计划能够顺利实施，应配置水性漆专用喷涂设备并遵循相关必要条件。

4.2.2 光能自洁涂料

光能自洁涂料采用了国际上最先进的光催化自洁原理和纳米技术，在光照条件下，其中的活性物质会发生光催化反应，产生出氧化能力极强的羟基自由基，可分解油性污染物和部分无机物。光能自洁涂料表面超亲水，水易润湿，使灰尘、粉尘等污染物更易被雨水冲刷掉，最终达到漆膜抗污、洁净的功效。同时具有净化空气、抗菌、防霉、保色，分解大气中的氮氧化物、硫氧化物、VOCs等有害物质的作用。

4.2.3 环保清洁剂

汽车维修过程除消耗涂料、润滑油之外，还使用多种清洁剂，包括发动机内部清洗剂、化油器清洗剂、节气门清洗剂、柏油清洗剂等。目前，清洗剂基本已经淘汰了二氯甲烷等高风险物质，但是依然使用大量的挥发性有机物。其中化油器清洗剂的主要成分包括甲苯、丙酮、甲醇、二甲苯、丙烷。节气门清洗剂的成分包括石油溶剂、醇类和抛射剂；柏油清洁剂的主要成分包括石油醚、非离子表面活性剂（低HLB值乳化剂）、阴离子分散剂、阴离子表面活性剂等。汽车维修行业清洁剂典型成分如表4-7所示。

表 4-7 汽车维修行业清洁剂典型成分表

清洁剂	主要成分	
	传统型	环保型
化油器清洗剂	甲苯、丙酮、甲醇、二甲苯、丙烷	烃类化合物、表面活性剂、有机酸酯
节气门清洗剂	丙酮、庚烷、石油加氢轻馏分、二甲苯、正丁烷、异丁烷	—
进气歧管清洗剂	异丙醇、甲苯、二甲苯	异丙醇、石油馏出物、油酸、液化石油气
柏油清洁剂	甲醇、二甲苯、二甲醚、石油气	石油醚、非离子表面活性剂(低 HLB 值乳化剂)、阴离子分散剂、阴离子表面活性剂
空调清洗剂	—	乙醇、正丁烷、丙烷、异丁烷
空调系统消毒杀菌剂	—	乙醇、石油液化气、正丁烷、丙烷、异丁烷

目前，大多数清洗剂均出现了环保型产品，不含有危害性较高的苯系物，其对环境和人体健康的危害性明显降低，但是仍然还含有挥发性有机物，使用过程产生的废气应该进行收集并有效处理，确保污染物达标排放。

4.2.4 环保空调制冷剂

制冷技术发展至今，经历了四个阶段。第一代制冷剂以易获得性为主要原则，包括醚类、氨、二氧化碳、水等。第二代制冷剂是在考虑到成本和安全的因素下，淘汰了一部分第一代制冷剂，主要采用 CFCs 和 HCHCs 制冷剂，包括 R12、R11 和 R22，使用时间长达 60 年之久。第三代制冷剂是在人们关注到臭氧层问题之后，以前的制冷剂逐渐被第三代制冷剂 R134a 替代，由于其优良的制冷效率和稳定的化学性质，在很长一段时间里它作为空调的唯一制冷剂，目前依旧在广泛使用。第四代制冷剂的诞生是随着全球变暖问题越来越严峻，以及一些国家法律法规的颁布，使 R134a 逐步被淘汰，目前被认为可能是第四代清洁制冷剂的主要包括二氧化碳、HFO-1234yf 和 R152a。R134a 作为制冷剂，其全球变暖系数值（GWP）高达 1300，在欧盟颁布了相关规定后，寻求清洁替代制冷剂已刻不容缓，同时也促进了相关技术的发展和产业的更替。

HFO-1234yf 作为第四代清洁制冷剂的一种，它的破坏臭氧潜能值（ODP）为 0，对臭氧层基本不会造成影响；GWP 为 4，远低于前几代制冷剂；同时它在大气中的寿命只有 11 天，对环境造成的影响较小。HFO-1234yf 制冷剂对空调系统中所用的常用零部件不具有腐蚀性，但是会和铝、镁、锌等金属发生反应，所以应用该新型制冷剂的空调系统应该避免此类金属的出现；相较于如今仍在广泛使用的 R134a 制冷剂，HFO-1234yf 制冷剂对塑胶材料的腐蚀性较低，具有较好的兼容性。

在制冷性能和循环效率上，HFO-1234yf 具有和 R134a 相同的效果，同时由于其分子量、密度等性质和R134a相近，并且兼容性良好、腐蚀性较低，故可以在现有空调系统的基础上做少量调整即可直接应用，这也是它优于二氧化碳替换制冷剂的一个重要原因。由于其市场成熟性和低成本的可替换性，这种新型制冷剂正在被各个国家和厂商所接受。汽车制冷剂性质参数如表4-8所示。

表4-8 汽车制冷剂性质参数表

指　　标	HFO-1234yf	R134a
分子量	114	102
沸点/℃	－29	－26.2
临界温度/℃	95	101.1
25℃饱和蒸气压力/MPa	0.673	0.6619
25℃饱和液体密度/(g/cm^3)	1.094	1.207
破坏臭氧潜能值(ODP)	0	0
全球变暖系数值(GWP)	4	1300

4.3 过程控制技术

4.3.1 汽车不解体诊断技术

汽车诊断（vehicle diagnosis）是指对汽车在不解体（或仅卸下个别零件）的条件下，确定汽车的技术状况，查明故障部位及原因的检查。随着现代电子技术、计算机和通信技术的发展，汽车诊断技术已经由早期依赖于有经验的维修人员的“望闻问切”，发展成为依靠各种先进的仪器设备，对汽车进行快速、安全、准确的不解体检测。

OBD即on-board diagnostics的首字母缩写，意为安装在车辆上的诊断系统，即车载诊断系统。该系统和汽车行车电脑（electronic control unit，简称ECU）系统并行，随时和汽车ECU进行通信，读取和监控汽车ECU的各种数据和参数，以便随时了解汽车各种工况，而OBD车载诊断系统在汽车上预留了一个接口，即OBD诊断口，通过仪器设备连接这个OBD口就可以将OBD系统里面的数据读取出来，就知道了车辆的各种参数和工况。汽车OBD诊断系统自问世以来，相继出现了OBD-Ⅰ、OBD-Ⅱ，从1996年起，全球所有的汽车制造厂商全面采用OBD-Ⅱ。

从2000年至今，汽车检测诊断设备发展的重要特征是直接采用各种自动化的综合诊断技术，增加难度较大的诊断项目，提高对非常复杂故障的诊断能力和预测故障的能力，这是汽车检测与诊断技术的发展趋势。

汽车不解体检测诊断工作站一般包括汽车电控系统故障诊断、汽车发动机综合检测诊断、汽车底盘悬架系统诊断、汽车排气测量诊断、汽车诊断报告和快速解决方案等功能。该设备将复杂的日常维修工作简化，具有较高的实用性和性价比，主要优点如下。

(1) 设备先进

操作系统技术先进，对汽车的各系统进行全面检查诊断。

(2) 手段科学

实现快速检查诊断、快速维修保养，维修手段可靠，确保高质量。

(3) 服务高效

在数字化平台上检查汽车数据，进行诊断结果综合分析，提升诊断效率。

(4) 管理精准

能够实现维修管理信息化，维修服务现代化，维修诊断专家化，维修手段科学化，维修培训现代化。

4.3.2 汽车内窥镜检查技术

在节能减排的大背景下，汽车内窥镜的应用，极大地推动了维修技术的革新，让“绿色汽修”成为可能。如图 4-2 所示，汽车内窥镜在维修过程中主要应用于检测诊断汽车发动机、气缸、油压部件、燃料管、消声器、输送与空调系统、差速器、水箱、油箱、齿轮箱等的磨损积炭堵塞等情况，极大程度地提升了维修效率、准确率、维修质量，同时降低了修理周期及费用，也避免了对机件多次拆装而造成的损害和资源浪费。汽车内窥镜在汽车发动机的清洗和保养方面也能极大地显示出它的积极作用。

汽车内窥镜在维修过程中的应用主要体现在以下几个方面。

(1) 内腔检查

检查表面裂纹、起皮、拉线、划痕、凹坑、凸起、斑点、腐蚀等缺陷。

(2) 状态检查

当某些产品（如涡轮泵，发动机等）工作，按技术要求规定的项目进行内窥镜检测。

(3) 装配检查

当有要求和需要时，使用内窥镜对装配质量进行检查；装配或某一工序完成后，检查各零部件装配位置是否符合样图或技术要求；是否存在装配缺陷。

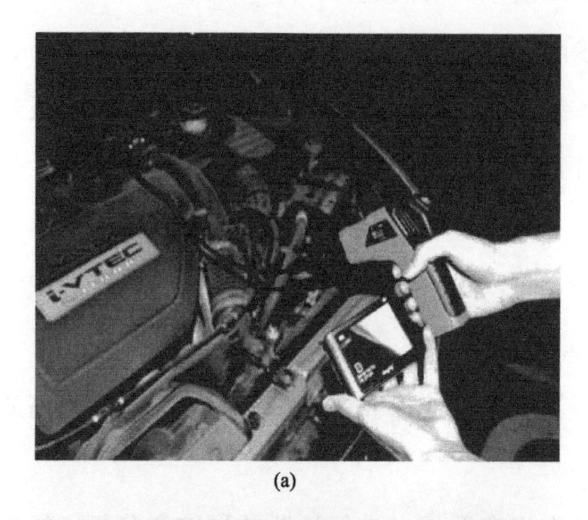

(a)

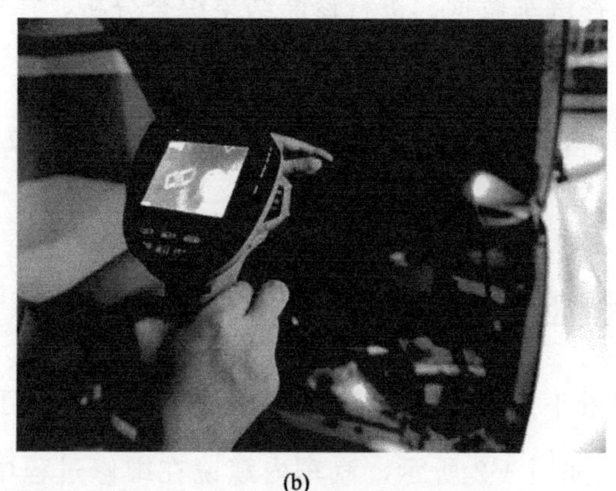

(b)

图 4-2　汽车内窥镜检查技术

（4）多余物检查

检查产品内腔残余内屑、外来物等多余物。

（5）焊缝表面缺陷检查

检查焊缝表面裂纹，未焊透及焊漏等焊接问题。

这种可视化技术不仅是汽车研发维修的得力助手，也是汽车技术培训和教学的工具。

4. 3. 3　发动机清洁技术

积炭是发动机在工作过程中燃油中不饱和烯烃和胶质在高温状态下产生的一种焦着状的物质，它可以聚积在发动机的各个部位，比如进排气系统、燃油室、喷油嘴等。积炭具有吸油特性，会让燃烧不完全的汽油再变积炭，一层一层的堆积，越变越厚，从而导致车辆动力下降，油耗上升。积炭可以分气门、燃烧室积炭和进气管积炭两种。

清洗发动机积炭常用方法如下。

（1）间接清洗

将清洗保护剂直接注入到油缸之内即可，在日常行驶中，清洗保护剂就能和汽油混合，随之清洗汽油流通的管路以及发动机内部，起到更加全面的清洗和保护作用。某些种类的燃油添加剂可以防止在金属表面形成积炭结层，并能逐渐活化原有的积炭颗粒慢慢去除，此种方法简便易行，只需要将适量的添加剂和汽油一起加入油箱即可。但市场上的燃油添加剂品种繁多，且质量不一，质量差的燃油添加剂由于热值不同，在清洗过程中，容易对进排气门、活塞、缸壁产生损害，同时，燃油添加剂中的化学清洗成分对橡胶供油管路有一定腐蚀作用，使用该方法时，一定要注意使用周期与间隔时间，否则会加快燃油橡胶供油管路的老化和腐蚀。

（2）直接清洗

先使发动机处于怠速运转的状态，然后通过一个类似输液瓶的专用设备，将专用清洗液通过高压喷嘴，将其雾化之后直接喷入发动机的进气管，使其进入到发动机气缸内部。在发动机运转的过程中，清洗液就能随之附着到发动机的各个主要部件表面，起到清洁积炭的作用。这种方法对于新车而言，清洗效果一般可以达到80%左右，旧车的效果稍差，但洗后对动力和油耗的改善效果还是很明显的。

（3）拆解清洗

对于积炭严重的发动机，就不得不采用拆解发动机的方法来解决了。气门积炭的清洗较为简单，在拆下进气歧管后，用手工或采用清洁剂浸泡即可清除。至于发动机缸内积炭的清洁，须拆下汽缸盖、正时皮带等才可以清洗。拆解清洗的最大缺点是很难达到原厂的装配精度，即便是更换所有螺栓、垫片等承力紧固部件，也会对发动机性能有一定影响。

对于以上清洗方法存在的问题，氢氧除炭机通过水电解产生氢氧分子，经管路输送至汽车进气歧管中通入发动机内部，在点火之前，由于氢气很轻，氢气分子会渗透于发动机内部的各个角落，火花塞点火后，所产生的气体与汽油（或柴油）混合燃烧。由于氧焰具有内壁附着特性、催化特性、高温特性，它在燃烧时，具有2000～2800℃的高温，能完全燃烧掉发动机内壁中附着的油垢、积炭，并且在燃烧后生成少量水蒸气，能将结成一团的油垢积炭慢慢溶解，边溶解边燃烧，能将积留长久的顽固积炭清除。其次，氢分子具有表现优良的渗透能力，氢气进入引擎内部后，就迅速扩散到引擎以及与引擎相连的各处（如火花塞、喷油嘴）等，能全面清除积炭。

氢氧除炭机的优点：

① 发动机引擎高效除炭，彻底清除积炭；

② 除炭均匀，不伤害引擎、垫圈及油封等；

③ 氢氧气体燃烧去除积炭对周围环境污染小，安全无风险；

④ 智能控制、操作简单、使用效率极高；

⑤ 免拆卸发动机引擎任何零部件，完全避免安全隐患。

氢氧除炭机的效果如下：

① 延长发动机保养使用寿命；

② 延长氧传感器使用寿命；

③ 延长三元催化器使用寿命；

除炭后的好处如下：

① 提升动力5%～20%，明显感觉起步有力，提速加快，爬坡时动力增强，油门明显变轻，高速行驶时车辆转速降低；

② 节省燃油5%～20%，通过清洗氧传感器，使车辆空燃比恢复到14.7：1左右，接近于新车数值，可以节省燃油，增强动力；

③ 降低尾气有害气体排放72%，14.7：1的空燃比会使汽油燃烧充分，降低一氧化碳和烃类化合物的排放；氢氧燃烧产生的高温水蒸气对三元催化器的硫磷混合物进行清除，恢复三元催化器的活性，降低尾气排放量。

4.3.4 钣喷流水作业设备

目前，汽车维修行业大多数使用一体式喷烤漆房，即一辆车的喷烤都在同一个工位、同一个喷烤房中进行，喷烤一辆车的时间需要2h，每天只能修理4辆车，人员效率和设备效率较低。且中间缺少质量控制环节，速度和质量取决于技工对整体工序的综合掌握程度。如图4-3所示，流水化的喷漆模式将整个修补工艺按照要求分为多个组，每个组的技师只需精通其中的部分工序，形成快修线，组与组之间的质量控制可以使每辆车的修补工作保质保量完成。

钣喷流水作业是精益生产方式从汽车制造业向汽车维修业的延伸，是指对钣喷车间重新规划，使用特定的方法将车间改造为不同的功能区域，由特定的作业人员完成特定工作的作业方法。由于待修车辆的不同工序是在不同的区域和由不同的技工操作完成的，因此在形式上类似于汽车生产厂的“流水线”，因此被称之为“流水作业”。按照其

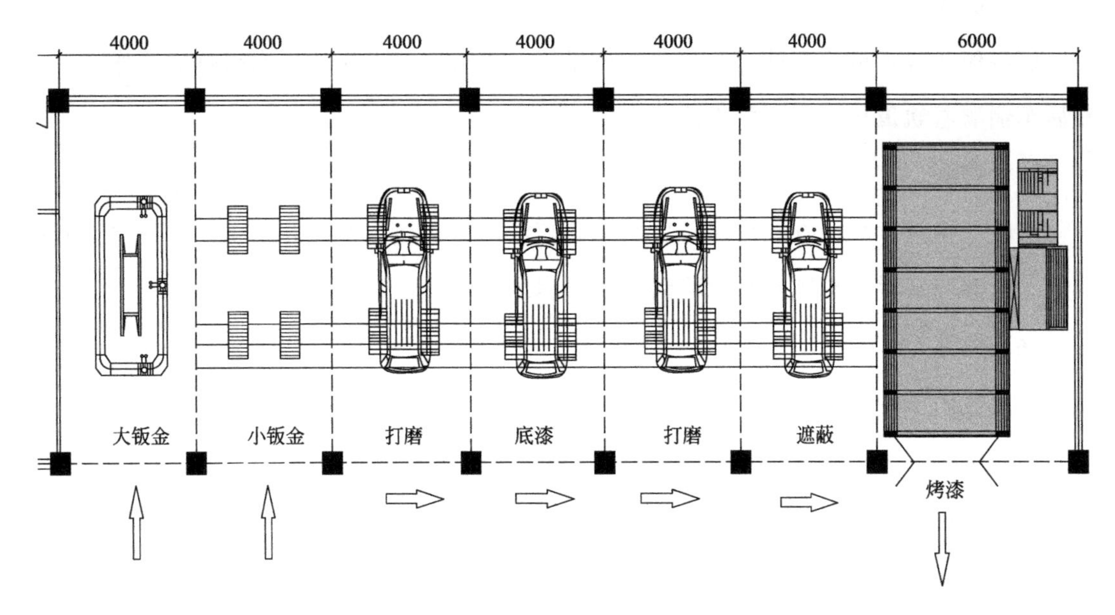

图 4-3 钣喷流水线示意图

实现形式可以分为硬件流水和工序流水，按照各工序的衔接方式又可分为非节拍流水和节拍流水。传统的修补漆工艺是 1～2 个人完成修补的全部工作，一个修补过程包含 10 多个工序内容，而钣喷流水线是将油漆修补的流程进行合理的分解，对设备和人员按工艺流程进行分工。一个完整的修补漆工序一般分为 7～9 个工作站（钣金、刮灰、打磨、底漆、遮蔽、面漆、烘干、抛装、装配），每个工作站根据每个修补车的工作量调整人员，分别负责不同工序的工作，保证各站工作时间相近，就像汽车装配的流水生产线一样，每个工作站的技术人员的工作时间被严格控制，以确保车辆按照计划的时间完成，每个工作站的维修质量也被严格控制，确保完工后的维修品质，所有的车都按照预计的时间完工。施工流程如下。

（1）钣金校正

首先，钣金校正工位的技术人员会将洗干净的车辆开上轨道流水线，完成校正和拆卸工作后，车辆顺着轨道移动到刮灰（刮腻子）工位。

（2）刮灰（刮腻子）

刮灰工作人员检查钣金校正的质量后，对工件表面处理后进行刮灰，可选择自然干燥或红外烘烤，完成后将车辆移动到打磨作业工位。

（3）打磨作业

打磨人员根据工艺需要选择合适的砂纸和打磨工具，进行作业，作业完成后移动到底漆工位。

（4）底漆

底漆作业技术员检查补土和打磨的质量后，进行底漆喷涂、二次精打磨等作业，完成后车辆顺着轨道移动到遮蔽工位。

（5）遮蔽

遮蔽工位技术员检查底漆质量后进行非喷涂面的遮掩工作，并用压缩空气清洁所有夹缝、遮蔽完成后车辆顺着轨道移动到喷漆房内。

（6）喷漆

喷漆技术员检查遮掩质量后，清洁、喷涂，完成后车辆被移到烤漆房。

（7）烤漆

烤漆操作人员根据油漆所需的时间和温度进行设定，开机并监测设备工作状态，烤漆完成有声光报警，将车辆冷却后推出。

（8）抛光

抛光技术员检查喷漆质量后，根据车辆表面颗粒的多少和大小选择蜡的种类，进行抛光，清洁作业，完成后车辆被开往组装工位。

（9）组装

组装技术员将拆卸的零件全部装配完毕，修复工作全面完成。

涂装流程可根据客户的实际情况提供最合理的涂装方案，包括三种方式。

（1）局部快修流程

适用于喷涂量在单片以内，不需要经钣金处理的工件。修补后使用红外线烤灯烘烤或打开烤漆房局部烤灯。

（2）快速修补流程

适用于三片以下垂直面轻度损伤工件（只需要刮涂两遍腻子）以及新换工件如车门、保险杠、前翼子板等。

（3）常规修补流程

适用于工件受到严重损伤（需要多次刮涂腻子），或三片以上的严重损伤工件，以及全车喷漆等。

通过钣喷流水作业，能够达到以下目的：

①优化作业流程管理，减少工时流失，提高维修周转量，缓解车间场地负荷，克服场地制约因素，提高生产效率，减少不同环节之间的周转。

②强化流程中每个环节的专业操作熟练程度，使工人生产效率最大化，加快每个作

业环节的效率，并减少返工率。

③提高作业便利性，避免作业浪费、作业不平均与勉强作业，减少工时损失，提高作业效率。

4.3.5 省漆喷涂技术

汽车喷涂是汽车维修的重要工序之一，也是产生废气的主要环节。汽车外部13个油漆面为车前面和后面的两个保险杠（2个）、车左面和右面相应前侧的翼子板（2个）、车左面的两个车门（2个）、车右面的两个车门（2个）、车左面和右面相应后侧的翼子板（2个）、车前方的发动机舱盖（1个）、车后方的后备厢的盖子（1个）、车辆顶部（1个），平均每个面的涂料用量约为100mL。

汽车维修企业一般采用空气喷枪，通过核查喷枪型号和喷涂压力，可以判断出喷枪的类型。其中，高流低压（HVLP）喷枪、减压（RP）喷枪的涂料利用效率明显高于普通空气喷枪。各类喷枪性能对比情况如表4-9所示。

表4-9 各类喷枪性能对比情况

喷枪类型	雾化方式（风帽雾化压力）	传递效率（上漆率）/%	进气压力/bar	耗气量/(L/min)	喷涂距离/cm
传统喷枪	主要是气压雾化(2.5bar)	35～45	4.0	380	18～23
HVLP喷枪	主要是气流雾化(0.7bar)	>65	2.0	430	13～17
RP喷枪	气流、气压雾化(1.2bar)	>65	2.5	290	15～23

注：1bar=10^5Pa。

在涂漆时推荐使用HVLP喷枪，HVLP喷枪利用高流量低压力的压缩空气提高油漆利用率。传统喷枪的油漆有效使用率（又称涂料传递效率）为30%～40%，而HVLP环保省漆系列喷枪的油漆有效使用率高达65%以上。由此可见，高上漆率提高了工作效率，降低了涂料成本，减少了VOCs排放量，改善了工作场所的环境，有利于喷漆者的身体健康，同时也降低了处理废漆的费用。省漆喷涂技术效益如表4-10所示。

表4-10 省漆喷涂技术效益表

对比项目	年度耗漆量/kg		油漆节省比例/%
	省漆喷涂	传统喷涂	
小型修理厂(4～5个喷漆工作/d)	840	1200	30
中型修理厂(10～12个喷漆工作/d)	2100	3000	30
大型修理厂(15～20个喷漆工作/d)	5040	7200	30

涂料喷枪的喷壶可以分为重力式和吸上式。重力式（上壶喷枪）指的是喷壶位于喷

枪上方，适用于需要经常更换颜色（涂料）或单次喷涂量较少的场合。常见容量为400mL 和 200mL，容量会比同型号的吸上式（下壶喷枪）要小。吸上式（下壶喷枪）指的是喷壶位于喷枪下方，适用于单次喷涂较多，不需要频繁换色的场合，常见容量为600mL 和 1000mL。汽车维修企业目前基本上都使用重力式喷壶，其优点是不浪费涂料、手感更好。因此，需要根据施工量和涂料需求量来选择合适的喷壶。

4.3.6 超临界喷涂技术

涂料中溶剂的主要功能是调节涂料的储运和各种涂装方法所需黏度；具有挥发性，在涂装和成膜过程中挥发掉，留下不挥发组分（树脂和颜料等）形成坚硬的漆膜。虽然世界各国都在致力于减少涂料中溶剂含量的工作，开发研制了高固体分涂料、水性涂料、粉末涂料等，但也存在着某些局限性。

对于水性喷漆，由于水的挥发性差，挥发慢，使用过程存在诸多问题，还没有一种良好的水性喷涂面漆。粉末涂料在喷涂施工时虽然不含任何挥发性有机物，但涂膜固化温度高，能耗大，外观装饰性差。高固体分涂料中，性能优良的丙烯酸类涂料溶剂减少幅度有限。高固体分涂料另一个问题是要解决烘烤时的流挂现象。

超临界喷涂技术的核心就是用超临界 CO_2 代替涂料中所有高挥发性有机溶剂，使挥发性有机物排放减少 80%。目前，正在研究用超临界 CO_2 作为反应介质，合成与 CO_2 有较高相容性的涂料树脂，彻底摆脱对有机溶剂的需求。

超临界 CO_2 喷涂是在喷涂前将涂料用 CO_2 混合稀释，混合后的涂料在 50℃、10.0MPa 条件下进行喷雾。在此喷涂条件下，涂料与 CO_2 呈均相，喷雾后，CO_2 迅速挥发，剩余的少量高沸点溶剂缓慢挥发，使涂膜易于流平，形成平滑的高装饰外观。

采用超临界 CO_2 喷涂带来直接的环境效益。由于高挥发性有机溶剂全部被 CO_2 替代，喷涂作业场所仅有极少的高沸点溶剂释放出来，降低了有机溶剂对操作工人的健康伤害，削减了污染物的产生量。高沸点溶剂大部分是在烘干过程释放，可通过末端治理技术进行处理。

4.3.7 密闭自动洗枪机

汽车维修企业的喷枪在换色或使用一段时间后需要对喷枪进行清洁，使用洗枪溶剂溶解去除残留在喷枪中的涂料，目前多为人工通过浸泡、冲洗等方式进行操作。

清洗溶剂一般由苯类、酮类、酯类等有机成分按照不同比例配制而成，对涂料、油污、杂质等有良好的清洗效果，又因其挥发速率快、与涂料相容，可以应用于喷涂设备的清洗，能有效地避免喷涂过程中所产生的脏点缺陷，无论是水性涂料还是溶剂型涂料，清洗溶剂的使用都不可取代，也是主要的 VOCs 排放源之一，同时人工清洗无法对废溶剂进行回收利用，产生大量的危险废物。

如图 4-4 所示，设置专门的洗枪房并采用密闭自动洗枪机能够有效而快速地清洁喷枪，有效减少溶剂挥发，实现溶剂的循环再利用。

图 4-4　洗枪房及洗枪机

4.3.8　清洗溶剂回收技术

喷漆工序使用大量有机溶剂清洗喷枪，清洗剂俗称天那水、香蕉水或稀料，也称洗枪水。洗枪水主要用来清洗喷漆工具或油漆桶等，经过 2～3 次反复清洗过后，洗枪水中会有大量杂质而不能再次使用。如图 4-5 所示，采用溶剂回收机可以将洗枪水单独提炼出来，实现有机溶剂与油漆等杂质的分离。回收后的洗枪水化学成分不会发生改变，回收后的洗枪水可以再用来清洗喷枪、油漆桶等，回收效率高达 60％。

(1) 工作原理

清洗溶剂的回收利用蒸馏原理，混合物中溶剂部分汽化后再冷凝而使其分离回收利用。将沸点低的组分称为易挥发组分，沸点高的组分称为难挥发组分，这样废溶剂可以简化成一个双组分的液态混合物，在温度低于 160℃时，树脂、颜料等可视为不挥发固态物质，因此通过加热汽化再冷凝就可以将废溶剂分离。根据双组分液态混合物系统的温度-组成图，可以知道易挥发组分在气相中的相对含量要大于它在液相中的相对含量，这样通过调整蒸馏温度就成功地避免了涂料中高沸点溶剂对清洗效果的干扰。

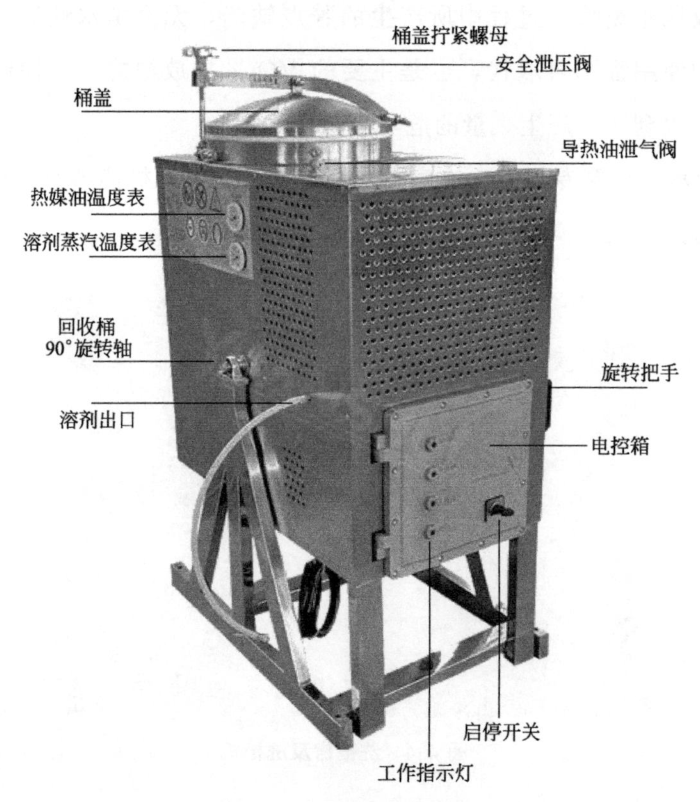

图 4-5　溶剂回收设备图

(2) 设备优点

① 回收机符合国家防爆标准，能适应涂装特定的防爆要求，主要防爆部件有防爆轴流风机、防爆循环油泵、防爆电加热器和防爆型电气控制箱。通过热媒油或导热油间接加热废溶剂，并由真空减压装置引流溶剂蒸气，提高了操作的安全性。

② 真空减压装置配合回收机工作，降低了溶剂的沸点，使回收速度与效率明显提高，耗电量减少，低温运行延长了设备使用年限，降低了废溶剂的处理成本。

③ 根据废溶剂物理化学性质尤其是沸点的不同，通过温度控制器及时间控制器的设定，能将不同溶剂的混合物依照沸点分为两大类（高沸点与低沸点），并分段蒸馏。

④ 设有自动进料口及干净溶剂自动排出至储存槽的管道。

⑤ 回收完成后，可以自动切断电源、热媒油或导热油，温度过高自动关机。当外来因素致使蒸馏桶内的压力超过（0.05±0.01)MPa 时会自动泄压。

⑥ 采用精密的微电脑程序/温度控制器，提高了控制加热温度的精度，数字显示实际的加热温度。

4.3.9 绿色焊接技术

在进行汽车零部件的修复连接工作中，通常会使用焊接技术。但是传统的焊接技术不仅污染种类较多，而且其效率较低。目前，汽车新型材料的应用，使得激光电弧复合热源焊接技术等一批新型环保高效的焊接技术被广泛地使用在汽车维修工作中。今后汽车绿色焊接技术主要的改进方向是焊接工艺、过程控制以及末端治理，目的是为了增加资源的利用率，进一步降低对生态环境和工作人员的危害。

焊接作业时，应采用点焊机或二氧化碳保护焊，并开启吸盘风机，做好通风。如图4-6所示，焊件组合后通过电极施加压力，点焊机利用电流通过接头的接触面及邻近区域产生的电阻热进行焊接。

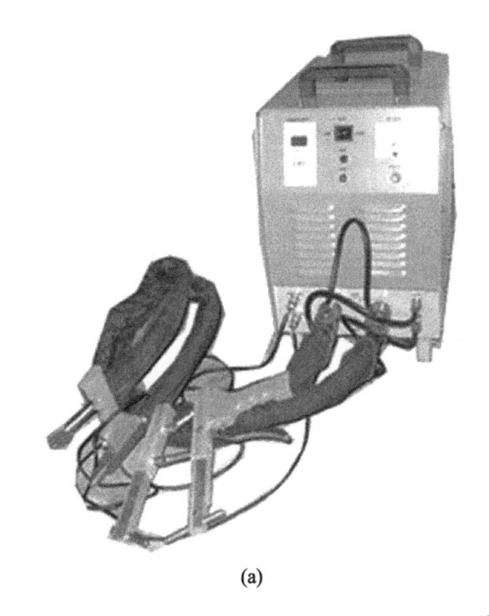

(a)

(b)

图 4-6 点焊机

二氧化碳气体保护焊是利用焊丝与焊件间产生的电弧来熔化被焊金属，同时，依靠从焊枪喷嘴中连续喷出的二氧化碳气体，在电弧周围形成局部的气体保护层，使电极端部、熔滴和熔池金属处于保护气罩内，与空气隔绝，防止空气中的氧、氮进入到焊接区的一种焊接方法。该方法具有焊接生产效率高，焊丝熔敷速度快，焊后变形小、抗锈能力强、冷裂倾向小、母材熔深大等特点，特别是焊后无熔渣，焊接过程不像焊条电弧焊那样停、熄弧换焊条，节省了清渣时间和填充金属，焊接效率比焊条电弧焊提高1～4倍。由于采用的是二氧化碳气体，不仅保护焊接区的金属，而且还起到冷却的作用，焊件上受到的热量比较少，受热面积小，焊后变形小，特别适合薄板的焊接。对于焊件表面上的铁、锈、油、污、漆等敏感性小，所以对焊前清理的要求比较低。焊缝的扩散氢含量少，在焊接合金钢等高强度钢时，冷裂纹出现的倾向小。熔池可见性能好，能够更好地观察和控制焊接过程。二氧化碳焊还能够适应各种位置的焊接，不仅可以焊接低碳钢、合金钢等薄板、中厚板的焊接，还可以用于磨损零件的修补堆焊。

4.3.10 无尘干磨系统

在汽车漆面处理过程中，使用气动或电动工具进行干磨，代替传统的手工水磨工艺，通过真空集尘装置（打磨头及真空风机）收集打磨过程中产生的粉尘，实现“无尘干磨”。与手工水磨、传统干磨相比，无尘干磨主要有三大优势：一是提高效率；二是环保；三是漆面处理效果更好。

干磨工艺与水磨工艺对比如表 4-11 所示。

表 4-11 干磨工艺与水磨工艺对比表

指标/工艺	干磨	水磨
环保	粉尘可收集	粉尘随水排放
效率	高	低
质量	平整度好,无水,漆面质量好	容易产生橘皮,气泡,沙痕等缺陷
劳动强度	机械打磨,劳动强度小	人工打磨,不规则部位的精磨有一定优势,劳动强度大
设备	干磨机	无

打磨机和集尘器是无尘干磨系统的核心工具，再配合相应的磨垫、砂纸、集尘管等，形成一套完整的无尘干磨系统。

4.3.10.1 打磨机

如图 4-7 和图 4-8 所示，打磨机分为气动打磨机和电动打磨机 2 类，两者的区别如下。

图 4-7 气动打磨机

图 4-8　电动打磨机

(1) 动力源

气动打磨机的动力源为充足的压缩空气；电动打磨机的动力源为 220 V/50～60Hz 的电源。

(2) 安全性

气动打磨机的运动完全是机械振动，很安全。而在涂装车间多水的情况下，电动打磨机可能存在安全隐患。

(3) 养护与维修

气动打磨机的结构比较简单，便于养护与维修，常见的问题是气动打磨机叶片磨损，更换即可。电动打磨机的结构较气动打磨机要复杂一些，常见的问题是炭刷磨损，更换即可。注意：由于国产炭刷较进口炭刷硬得多，若进口气动打磨机使用国产炭刷，容易使转子过早损坏。

(4) 使用效果

在压缩空气气量充足、压力足够的前提下，气动打磨机使用比较轻便。如果气量不够、气压不足，会影响气动打磨机的使用效果。只要有民用 220V/50Hz 的电源，电动打磨机的力量就能充分发挥出来。电动打磨机一般比气动打磨机重。

(5) 使用寿命

一般情况下，气动打磨机的使用寿命是电动打磨机的 2 倍以上。炭刷与转子间的摩擦会产生热量，尤其是在高频率使用的条件下，电动打磨机的使用寿命往往相当于 4～5 副炭刷的寿命。

4.3.10.2　干磨及集尘系统

出于集尘需要，打磨机要与集尘系统连接，不同的连接及组合方式形成了 3 大系统：移动式无尘干磨系统、悬臂式无尘干磨系统和中央集尘系统。

(1) 移动式无尘干磨系统

如图 4-9 所示，移动式无尘干磨系统以可移动的集尘器为中心，该系统紧凑、简洁、可移动，工作不受任何场地限制。集尘器配合工作台，形成移动式工作站，这样方便工具及耗材的存储和取用，减少不必要的走动，有效提升工作效率。该系统适用于旧涂层清除及打磨处理、原子灰及中涂底漆打磨处理。

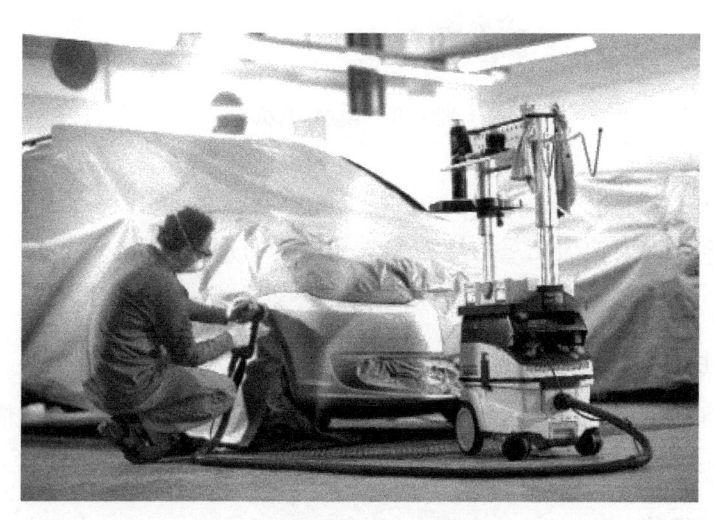

图 4-9 移动式无尘干磨系统

(2) 悬臂式无尘干磨系统

如图 4-10 所示，悬臂式无尘干磨系统采用固定工位式设计，专业干磨工具搭配 5m 悬臂系统的工作覆盖半径可达 8m。悬臂采用质量轻、高强度的铝合金制成。所有供气、供电与集尘管道均布置在悬臂内，悬臂离地面高度在安装时可自行选择，一般为 5m。

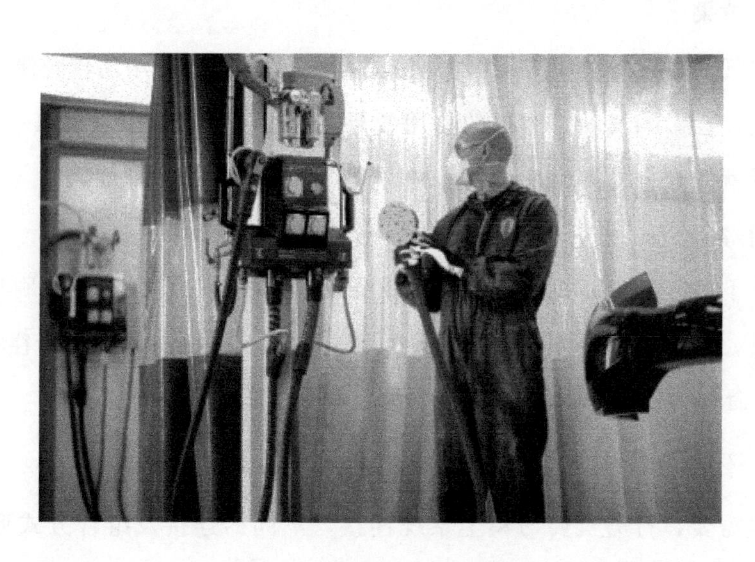

图 4-10 悬臂式无尘干磨系统

悬臂上还装有用于压缩空气净化、调压与油雾润滑装置。使用的工具悬挂在悬臂上，安全可靠。该系统可供 2 个气动工具或 2 个电动工具使用，配套主要为气动工具，适用于旧涂层清除及打磨处理、原子灰及中涂底漆打磨处理。

(3) 中央集尘系统

如图 4-11 所示，中央集尘系统使用大型集尘主机进行吸尘，一般中央集尘主机可以连接 3～8 个终端，每个终端可以同时连接 2 个气动打磨机。中央集尘主机带智能变频功能，根据不同数量的打磨机作业情况智能调整集尘主机功率，确保最佳吸尘效果，并节省能源（最多可以节省 80%电费）。集尘主机每 10min 自动清洁滤芯（有 3 个滤芯），当打磨工作结束时，集尘主机自动将功率提高，将真空度提升至 180Pa，确保集尘管路内没有灰尘残留。

图 4-11 中央集尘系统

4.3.11 粉尘控制技术

汽车维修企业粉尘主要来源于机修、钣金、喷漆等工序。各工序粉尘治理主要工程技术要求如下。

(1) 机修

整车测试区应设置局部排风装置，如尾气收集装置，经吸气罩收集处理后排放。

(2) 钣金

使用不含或少含锰、铅等有毒物质的焊条，使用发尘量低的焊接方法和焊接材料；焊接量大、焊机集中的作业场所，应实施全面机械通风；焊接作业点应设置局部排风装置，排风罩对准焊烟产生的位置，并对焊烟进行净化处理。不同焊接方法产生的粉尘量见表4-12，局部焊烟净化器见图4-12。

表4-12　不同焊接方法产生的粉尘量

焊接方法	焊接材料	施焊时发尘量/(mg/min)	焊接材料的发尘量/(g/kg)
手工电弧焊	低氢型焊条	350～450	11～16
	钛钙型焊条	200～280	6～8
自保护焊	药芯焊丝	2000～3500	20～25
二氧化碳保护焊	实芯焊丝	450～650	5～8
	药芯焊丝	700～900	7～10
氩弧焊	实芯焊丝	100～200	2～5
埋弧焊	实芯焊丝	10～40	0.1～0.3

图4-12　局部焊烟净化器

(3) 喷漆

应遵循无毒物质代替有毒物质，低毒物质代替高毒物质的原则，使用无毒或低毒涂料；调漆、喷漆、烤漆等易产生废气的工序应设有单独的隔间；调漆、喷漆和烤漆间应采用上送风、下排风的通风防毒设施，室内保持负压。

4.3.12 绿色总成修复技术

绿色总成修复技术包括发动机总成修复技术、变速箱总成修复技术，见图 4-13。规模较大的维修企业应购置并使用发动机专修设备、自动变速箱专修设备，减少资源浪费。

(a) 发动机

(b) 变速箱

图 4-13 发动机总成修复技术和变速箱总成修复技术

以发动机为例，汽车发动机是汽车的核心设备。发动机主要由曲轴、连杆、凸轮轴、活塞、汽缸体及汽缸套等零部件组成。按照再制造技术的工艺流程，首先确定再制造目标零件，通过现代的再制造技术对受损零部件表面进行修复，修复的方式主要是镀层与喷涂技术。发动机修复后按再制造流程进行性能检验，并使其充分磨合，以保证其质量与性能。

表面修复与复合技术是再制造的主要技术之一，发动机在使用过程中其活塞周而复始地做功而造成的气缸内壁磨损是非常严重的，发动机的修复与重塑也主要针对其表面修复而进行。再制造表面修复技术主要包括以下几种。

(1) 纳米表面修复技术

该技术主要利用纳米涂层材料对发动机表面进行修复，纳米涂层具有超高的硬度以及强度，极高的韧性与塑性，并有极高的耐温性能。纳米材料通过电刷镀层的方式，均匀作用于被修复物体的表面，使零部件获得耐温、耐磨以及较高的表面光洁品质，达到了其初始设计时的表面性能。纳米材料由于其较高的性能，在发动机的轴类表面应用极其广泛。

(2) 喷涂技术

发动机表面的喷涂技术使用高速的电弧进行修复，其离子的喷射速度较一般喷射速度更快。在较高的离子喷射速度下，电弧离子与发动机表面结合得更加致密，从而提升了被修复物体的表面质量。喷涂技术成本低、性能好、效率高，在发动机再造技术中应用较为广泛。

(3) 表面焊接技术

发动机的表面经过磨损会产生划伤与凹槽，使用特殊的焊接材料与设备，针对表面凹槽进行修复，还原其表面品质。

(4) 润滑技术

这种润滑技术是在润滑剂中添加特殊的纳米材料，达到修复受损表面的作用，提高发动机表面的耐磨性能，同时实现较好的润滑。

4.3.13 洗车节水技术

4.3.13.1 电脑洗车

如图 4-14 所示，利用电脑控制毛刷和高压水来清洗汽车，由控制系统、电路、气路、水路和机械结构构成。采用电脑洗车设备，通过水的循环利用，可比高压水枪节水 30%以上，平均每车用水 17L 左右。

(a)

(b)

图 4-14 电脑洗车

4.3.13.2 洗车水循环技术

目前洗车废水通常采用石英砂过滤＋活性炭吸附多介质过滤器、生化法及生物膜法、膜过滤等方法进行处理回用。

(1) 石英砂过滤＋活性炭吸附多介质过滤器

石英砂等滤料可以滤除水中的泥、砂、铁锈、油污等；活性炭用来将水中的各种气味、颜色、洗涤剂等从水中吸附去除，精密过滤器可将水中残留的泥、砂、铁锈、油污等过滤掉，从而保证出水水质；但是此工艺需要经常反洗，活性炭使用一段时间（以目前设备中活性炭的体积用量 7～15d 饱和）后需再生或更换。

(2) 生化法及生物膜法

生化法是进行水处理，需要进行曝气并要求水力停留时间长，因此要达到以上要求必须要有足够的空间以保障生化时间，此外洗车水的营养成分难以满足生化要求，不能保证生物处理系统的稳定运行。

(3) 膜过滤

膜过滤对进水水质要求较高，对水的压力要求也高。在膜过滤中对 LAS 等表面活性剂起过滤作用的除了反渗透膜和纳滤膜以外，其他膜是无法去除的；而反渗透膜和纳滤膜对过水压力的要求较高，且维护成本高。因此，超滤膜常用于低级水质处理，但是难以过滤去除溶解于水中的污染物。

(4) 混凝-沉淀 (吸附)-过滤-纳米光催化氧化技术

循环水设备工艺分两步进行：第一步，将收集的洗车废水沉砂后加净水剂混凝、沉降澄清；第二步，再将澄清后的水经光催化氧化及紫外灯在光触媒催化作用下分解发臭物质并杀菌消毒除臭。经第一步处理后的水就已经清澈透明，再经第二步处理的水无色无味，没有泡沫，即可进行回用，水质参数见表 4-13，工艺流程见图 4-15。

表 4-13　洗车水循环系统水质参数

项目	原水	出水	标准
pH	6.5～9	6.5～9	6.5～9
浊度/度	1040	5	30
BOD_5/(mg/L)	59	≤2	10
COD_{Cr}/(mg/L)	188	≤22	50
悬浮性固体/(mg/L)	1200	5	5

续表

项目	原水	出水	标准
臭	有	无不快感	无不快感
阴离子合成洗涤剂/(mg/L)	250	1	1
总大肠菌群/(个/L)	1000	0	3

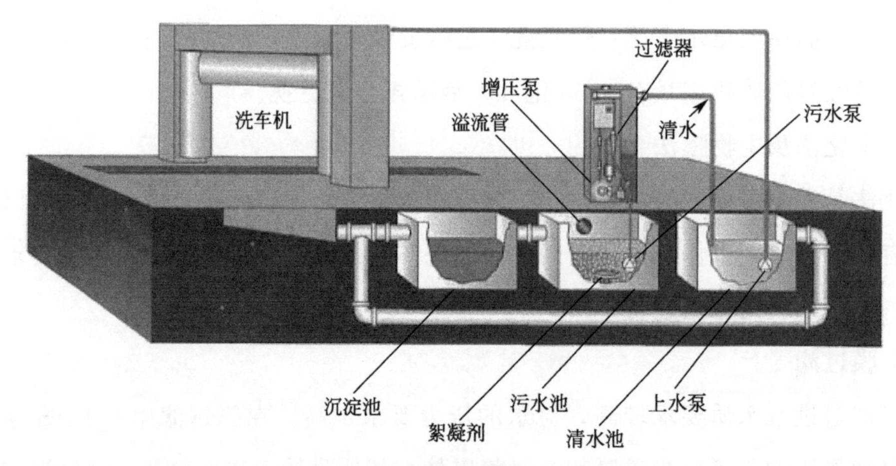

图 4-15 洗车水循环系统工艺流程

4.3.13.3 蒸汽洗车

汽车维修企业利用蒸汽发生器所生产的高温高压蒸汽，对汽车表面和其他部位进行清洗和消毒。如图 4-16 所示，蒸汽清洁通过设备所产生的热干蒸汽来清洁汽车的表面、内饰及其他各个部分，具有更高的清洗能力和去污效果，使得汽车清洗用水量大幅下降。

4.3.13.4 无水洗车

无水洗车是将化学清洗和物理清洗结合起来，从而完成整个汽车清洗全过程的一种方法，它的优势是整个洗车过程中不需要靠水来冲洗去污的过程，因此不用排污水管道，没有污水排放，而且洗车清洁剂为中性，操作方便，两位工人 10min 就可完成汽车外部油漆部分的清洁操作，而且不需要场地设备，直接可到用户的停车车位上去操作，节省了车主的大量时间，是一种可以达到多赢的新型洗车方法。无水洗车清洁剂及施工方法如图 4-17 所示。

与传统的水洗方式相比，应用无水洗车技术，清洗每台车只需 0.4L 水，且洗车、打蜡、抛光可一次完成，大大减少了对水资源的浪费，降低了污染物的排放，也降低了洗车成本，从而获取更大的经济效益。

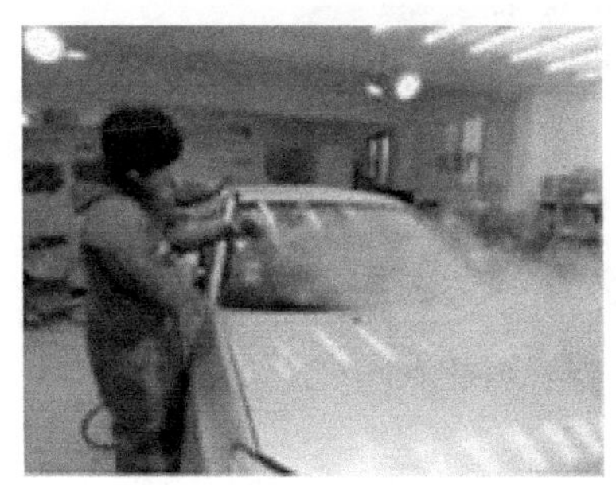
(a) 玻璃洁面清洗

(b) 车缝间除污清洗

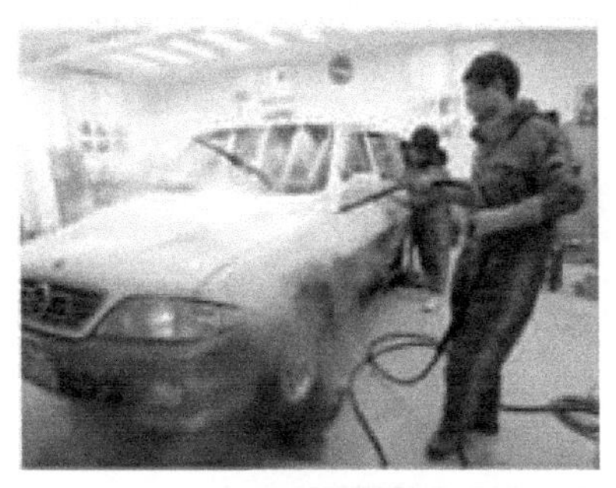
(c) 车盖夹缝除污清洗

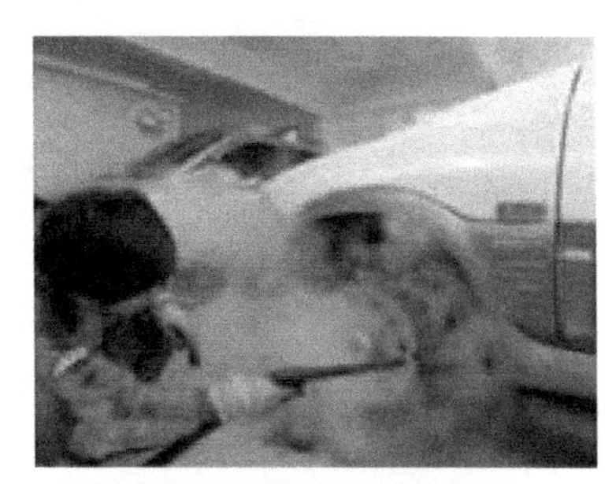
(d) 车轮顽固除油污清洗

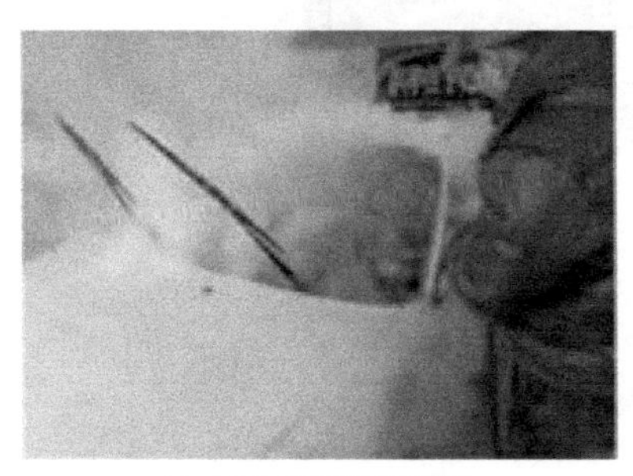
(e) 空调口杀菌通风清洗

(f) 顶部天窗夹缝清洗

图 4-16 蒸汽洗车

4.3.14 节能技术

4.3.14.1 红外线烤漆房

目前，国内市场上的烤漆设备多数是燃油式烤漆房，采用柴油加热方式。柴油加热方式是通过风机将燃烧柴油产生的热空气送入烤房顶部，经过滤棉进入烤房内部提升烤房温度，升温较慢。另外依靠外部温度烘烤漆面，油漆是由外到里逐渐干燥的，干燥时间较长，一般需要自然冷却干燥 72h 才能保证漆面达到合格要求。而且燃油式烤漆房存在较大的火灾隐患，容易因炉膛漏火起火、电源线橡胶老化和熔化短路起火，风机在高速运转过程中也易引起静电起火。故燃油式烤漆房耗费能源，安全系数比较低，且柴油燃烧过程中还会产生一氧化碳、二氧化碳和颗粒物等，造成环境污染。

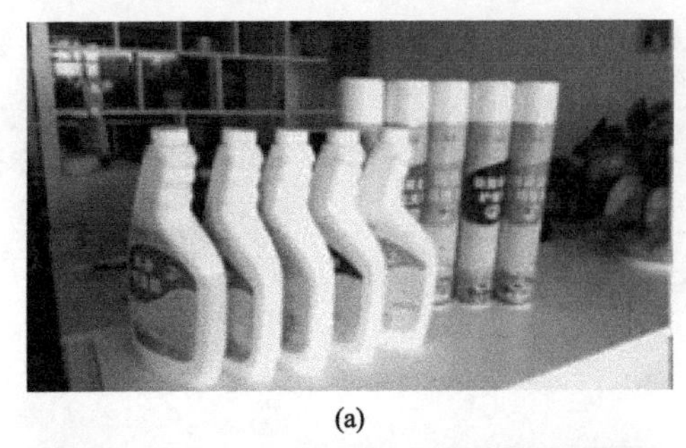
(a)

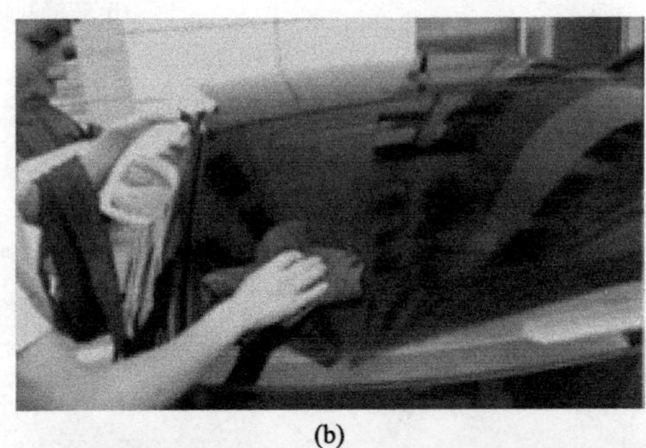
(b)

(c)

图 4-17　无水洗车

如图 4-18 所示，红外线烤漆房采用红外线加热技术，免去传统燃油式烤漆房燃烧器和热交换器等部件，使用红外线烤漆灯，依靠辐射能产生强大内能，加热速度快，可使油漆内水分及挥发物由内向外迅速排出，实现快速干燥，仅需自然冷却干燥 36h 就可使漆面达到合格要求，从而达到节能的效果。

红外线烤漆房具有以下特点：

① 没有炉膛，风机内部不会有漆污，且灯管表面温度达不到燃点温度，不存在起火隐患。

② 空气净化系统采用的进风过滤棉为进口优质过滤棉，有效过滤大于 10μm 的灰尘，顶部高效过滤棉为进口 CC-600G 顶部亚高效过滤棉，有效过滤大于 5μm 的灰尘，总悬浮颗粒物（TSP）$\leqslant$1.4 mg/m^3，满足工艺需求。

(a)

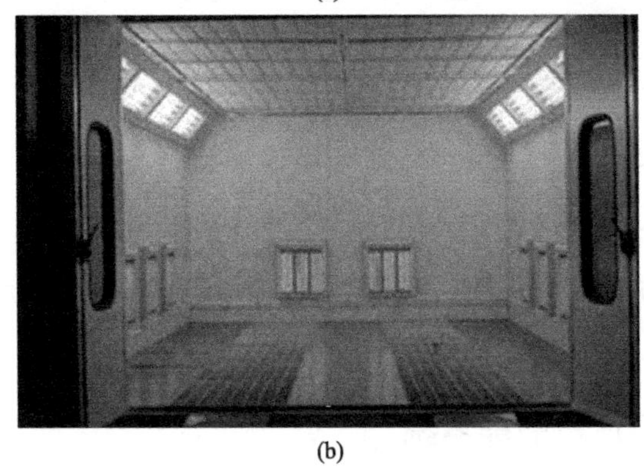

(b)

图 4-18　红外线烤漆房

③ 废气处理系统采用干式活性炭过滤棉，吸附有机溶剂面积大，符合排放标准要求。

④ 比柴油烤漆房节能达 65%以上，同时大大提高安全系数，在加热过程中没有任何废气产生，既响应了国家节能减排号召，同时也是电力替代较好的应用领域。

4.3.14.2　超声波清洗零部件技术

超声波清洗零部件技术充分发挥了超声波清洗的省时省力、清洗效果好、节约资源的特点。国外还采用微波清洗超声波技术，使被清洗的零件在微波的作用下，表面形成空穴，再使油污、油漆自行脱落。有机溶剂清洗和超声波清洗方式的清洗效果及效率比较如表 4-14 所示。超声波清洗机如图 4-19 所示。

表 4-14　清洗效果及效率比较

指标/工艺	有机溶剂清洗	超声波清洗
环保	用量大,易挥发	清洗液有一定污染
设备	无	超声波清洗设备
经济	浪费多	设备需投入,清洗液可多次使用
清洗效果	一般	好
效率	人工	浸泡

图 4-19　超声波清洗机

长期以来，汽车零件主要是采用清洗液（如汽油）人工清洗，不仅浪费清洗液，又不安全，容易造成污染，清洗效率和清洗质量也很低，甚至出现损坏零部件的问题。目前，有一些清洗设备采用高温热水浸泡和冲洗的方法，虽然提高了清洗效率，但由于部分零件的复杂性及油污的强附着性，清洗效果仍不理想。而采用超声波清洗机清洗，可以杜绝这类事情的发生。因此，在汽车维修中应大力推广这些新超声波技术。

4.3.14.3　一体化空压机节能系统

汽车维修企业在检查泄漏部位、拆卸卡滞的活动件、清洗零件表面、疏通堵塞的管道、排放液压系统中的空气等工作时需要使用空气压缩机。

如图 4-20 所示，采用同步变频调速技术及光离子化检测器（PID）技术，利用压力传感器信号及有关电气控制信号，根据设定的压力值控制空压机马达转速，能够实现空气压缩机节能运行。

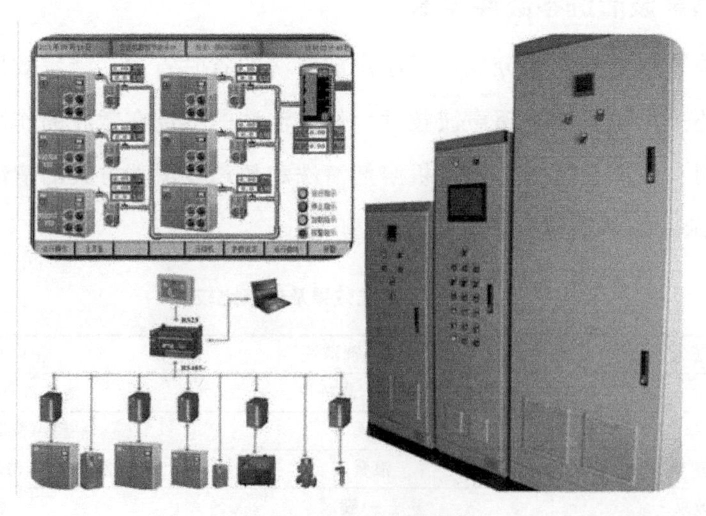

图 4-20　空压机节能系统

4.3.14.4 螺杆式空压机

在汽车维修企业，如果空压机选型不匹配，往往造成设备偏小或者浪费能源，产生高能耗，产生高额的成本支出。

如图 4-21 所示，采用无油螺杆式空气压缩机集中供气，能够有效降低工作区域的噪声（供气房应单独隔开），能够减少耗电量，减少维护成本和使用成本，使产生废油污水减少，提高压缩空气质量，保证喷涂质量，减少返修。

对于汽车维修企业如何选型，需要根据建站的规模、工位、维修车型等综合分析。针对不同的维修车辆，还应注意空压机的最高排气压力的问题，对于普通的小轿车维修店，压缩空气压力只要 0.8MPa 就完全可以满足使用，但是对于维修大型客车或者卡车的维修站，压缩空气需要 1.3～1.5MPa 的压力。

图 4-21 无油螺杆式空气压缩机

4.3.14.5 LED 节能光源

照明系统的电耗是汽车维修企业能耗的重要组成部分之一。当前，发光二极管（LED）技术成熟、价格合适，得到了普遍应用。与荧光灯、卤素灯等传统光源相比，LED 节能光源具有以下优点。

(1) 发光效率高

LED 经过几十年的技术改良，其发光效率有了较大的提升。白炽灯、卤钨灯光效为 12～24lm/W，荧光灯 50～70lm/W，钠灯 90～140lm/W，大部分的耗电变成热量损耗。LED 光效经改良后将达到 50～200lm/W，而且其光的单色性好、光谱窄，无需过滤可直接发出有色可见光。

(2) 耗电量少

LED单管功率0.03～0.06W，采用直流驱动，单管驱动电压1.5～3.5V，电流15～18mA，反应速度快，可在高频操作。同样照明效果的情况下，耗电量是白炽灯泡的1/8，荧光灯管的1/2。

(3) 使用寿命长

LED灯体积小、重量轻，环氧树脂封装，可承受高强度机械冲击和震动，不易破碎。LED灯具使用寿命可达5～10年，可以大幅降低灯具的维护费用。

(4) 安全可靠性强

发热量低，无热辐射，冷光源，可以安全触摸；不含汞、钠元素等可能危害健康的物质。

(5) 有利于环保

LED为全固体发光体，耐震、耐冲击，不易破碎，废弃物可回收，对环境影响小。

4.3.15 污染物监测技术

近年来，生态环境管理部门发布了颗粒物、挥发性有机物、非甲烷总烃等污染物的在线监测技术规范和便携式检测技术规范，广东、北京等地发布了挥发性有机物的监测技术标准，详见表4-15。

表4-15 汽车维修行业废气自动监测/便携式监测技术标准

序号	污染物	标准名称	标准级别
1	颗粒物	《固定污染源烟气(SO_2、NO_x、颗粒物)排放连续监测技术规范》(HJ 75—2017)	国家标准
2		《固定污染源烟气(SO_2、NO_x、颗粒物)排放连续监测系统技术要求及检测方法》(HJ 76—2017)	
3	挥发性有机物	《环境空气和废气　挥发性有机物组分便携式傅里叶红外监测仪技术要求及检测方法》(HJ 1011—2018)	
4		《环境空气和废气　总烃、甲烷和非甲烷总烃便携式监测仪技术要求及检测方法》(HJ 1012—2018)	
5		《固定污染源废气非甲烷总烃连续监测系统技术要求及检测方法》(HJ 1013—2018)	
6		《固定污染源　挥发性有机物排放连续自动监测系统 光离子化检测器(PID)法技术要求》(DB44/T 1947—2016)	地方标准
7		《固定污染源废气　甲烷/总烃/非甲烷总烃的测定 便携式氢火焰离子化检测器法》(DB11/T 1367—2016)	

当前，排污许可证制度实施，企业自行监测是其中重要管理措施之一。上述标准中规定的便携式傅里叶红外监测仪、气相色谱-氢火焰离子化检测仪已经纳入了环境监测标准方法，PID检测方法也被广东、北京等地纳入了地方标准检测方法，可用于自行监测以及对污染治理设施的运行情况进行监控。

(1) 便携式傅里叶红外监测仪技术

傅里叶红外监测的工作原理为光谱仪的光学镜头接收来自红外光源发射的红外辐射，辐射的红外线在开放或密闭的空气中传播，光谱仪接收到红外辐射后，经由干涉仪的调制被红外探测器检测，再由光谱仪的电子学部件和相应数据处理模块完成干涉图的转换和存储，并通过傅里叶变换，将干涉图转换成红外光谱。仪器通过对大气痕量气体成分的红外辐射“指纹”特征吸收光谱测量与分析，实现对多组分气体的定性和定量在线自动监测。

该方法可以定量和定性分析，测定快速、不破坏试样、试样用量少、操作简便、分析灵敏度较高。既可以用于测试环境空气，也可以用于测试废气中挥发性有机物的含量。

(2) 气相色谱-氢火焰离子化检测仪

VOCs进入汽化室后被载气带入色谱柱，柱内含有液体或固体固定相，由于样品中各组分的沸点、极性或吸附性能不同，每种组分都倾向于在流动相和固定相之间形成分配或吸附平衡。

由于载气的流动，使样品组分在运动中进行反复多次的分配或吸附/解吸附，在载气中浓度大的组分先流出色谱柱，当组分流出色谱柱后，立即进入检测器。

检测器能够将样品组分转变为电信号，电信号的大小与被测组分的量或浓度成正比，电信号被放大记录形成气相色谱图。

(3) PID检测器

PID检测器（photo ionization detectors）使用紫外灯（UV）光源将有机物分子电离成可被检测器检测到的正负离子（离子化）。检测器捕捉到离子化了的气体的正负电荷并将其转化为电流信号实现气体浓度的测量。气体离子在检测器的电极上被检测后，很快会跟电子结合重新组成原来的气体和蒸气分子。PID是一种非破坏性检测器，它不会改变待测气体分子，可以实现连续实时检测。

PID可测VOCs种类包括芳香烃、酮类、醛类、胺类和氨基化合物、卤代烃类、含硫有机物、不饱和烃类、饱和烃类、醇类。PID可以非常灵敏地检测出百万分之一的VOCs，但是不能用来定性区分不同化合物。

目前，广东省《固定污染源 挥发性有机物排放连续自动监测系统 光离子化检测器（PID）法技术要求》（DB44/T 1947—2016）规定了挥发性有机物连续自动监测系统的性能指标，详见表4-16。由于其响应时间短，重复性好，可以用作企业对环保设施运行的监控设备。

表4-16 挥发性有机物排放连续自动监测系统的性能指标

项目	性能指标
测定下限	≤5mg/m^3
重复性	≤±3%
响应时间	≤20s
零点漂移	≤2mg/m^3
实际气样比对误差	≤50%（VOCs≤15mg/m^3）
	≤35%（VOCs>15mg/m^3）

4.4 末端治理技术

4.4.1 挥发性有机物废气净化技术分析

2013年，国务院发布了《大气污染防治行动计划》，以可吸入颗粒物（PM_{10}）、细颗粒物（$PM_{2.5}$）作为污染防治的重点污染物。挥发性有机物（VOCs）是指在常温常压下具有较高蒸气压、较强挥发性的有机化合物的统称，它在环境中能够通过化学反应，产生$PM_{2.5}$、臭氧等二次污染物，是影响大气环境的主要污染物之一。

汽车维修过程多为小面积喷涂，一般采用空气喷涂工艺，涂料利用效率低，喷烤漆废气普遍采用活性炭吸附法处理，VOCs处理效果不理想。同时，汽车维修企业相对规模小、数量多、分布分散，多位于城市人口密集区，且多为低空排放，对环境和人体健康的影响尤为显著。

近年来随着环保执法日趋严格，汽车维修企业喷烤漆废气治理亟待加强，不少采用活性炭吸附法处理喷涂废气的企业面临超标的问题。据北京市环境保护局网站公开行政处罚信息，2015—2016年北京市共计有37家汽车维修企业受到市环保局处罚，占全部受罚企业数量的14.5%，其中31家受罚原因是喷烤漆废气治理设施不正常运行。

(1) 汽车维修行业挥发性有机物分析

如图4-22所示，汽车维修企业的调漆、喷漆、烤漆、清洗喷枪等多个环节均会产生挥发性有机污染物，特别是在喷涂烘烤过程，使用的涂料中含有的 VOCs 大量挥发到空气中，是汽车维修企业主要的有组织排放源；调漆、清洗喷枪等环节普遍管理薄弱，甚至在开放区域操作，产生的挥发性有机物难以有效收集处理，是重要的无组织排放源。目前，喷烤漆房的额定风量在 10000～20000m^3/h，烤漆房内风速 0.2～0.3m/s，排气管道风速为 5～7m/s，废气中 VOCs 初始浓度一般为 100～200mg/m^3。

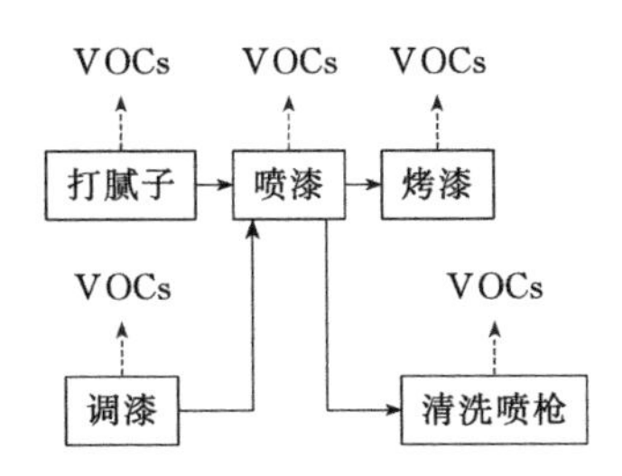

图 4-22 汽车维修过程挥发性有机物污染产生环节示意图

(2) 汽车维修行业常见挥发性有机物污染治理技术

挥发性有机物的处理方式主要有吸附法、催化燃烧法、热力燃烧法、冷凝法等，这些方法在适用对象、处理效果、设备成本、运行成本方面具有不同的特点。

汽车维修企业的喷涂废气主要成分为苯系物、醇醚类、酯类有机溶剂，由于汽车维修喷涂量小、喷漆室的排风量大，属于低浓度有机废气。汽车维修企业普遍采用一体化喷烤漆房，配备过滤地棉＋活性炭吸附的方法处理喷漆废气，其中地棉主要用于捕集漆雾颗粒，活性炭主要吸附 VOCs。

(3) 活性炭吸附法影响因素

目前，《涂装作业安全规程　有机废气净化装置安全技术规定》(GB 20101—2006)、《煤质颗粒活性炭　气相用煤质颗粒活性炭》(GB/T 7701.1—2008)、《汽车维修业大气污染物排放标准》(DB11/ 1228—2015) 等国家和地方标准对挥发性有机物活性炭吸附装置提出了一些技术要求，包括风道压差、活性炭粒径、活性炭用量、更换周期等。在实际运行中，影响活性炭吸附效果的因素还包括以下几个。

① 活性炭种类

活性炭从原料上分为煤质活性炭、木质活性炭、椰壳活性炭、纤维活性炭等，从形态上分为粉末活性炭、颗粒活性炭、蜂窝活性炭、纤维活性炭等。根据吸附对象不同可以分为气相用活性炭和液相用活性炭。活性炭微观结构中有大孔 (＞50nm)、过渡孔 (2～50nm) 和微孔 (＜2nm)，构成活性炭比表面积的主要是微孔。各种不同类型活性炭主要指标对比如表 4-17 所示。

表 4-17 各种不同类型活性炭主要指标对比

原料种类	比表面积/(m^2/g)	四氯化碳吸附率(CTC)/%
煤质	500～900	50～70
椰壳	900～1200	65
果壳	800～1000	60
木质	900～1000	100～140
纤维(活性炭)	1000～1500	≥110

当吸附质直径大于孔道直径 1/3 以上时，被吸附质运动就受阻，吸附量下降。汽车维修喷烤漆废气的 VOCs 主要成分为酯类、苯类、醇醚类，分子直径在 0.3～1nm 范围内。喷烤漆废气中主要组分如表 4-18 所示。活性炭吸附 VOCs 主要在微孔中进行，因此，微孔的比例越高越好，同时需要一定量的中孔，便于有机废气分子进入活性炭内部。结合汽车维修喷烤漆废气成分及各种活性炭的特征，优先选择高比表面积和高四氯化碳（CTC）吸附值的活性炭品种。

表 4-18 喷烤漆废气中主要组分

序号	组分	分子直径/nm	沸点/℃
1	苯	0.65～0.68	80
2	甲苯	0.6	110.6
3	邻二甲苯	0.6～0.7	144.4
4	间二甲苯	0.7	139
5	乙酸乙酯	0.67	77
6	乙二醇乙醚	0.31	135
7	(气相)水	0.29	100
8	四氯化碳	0.59	76.8
9	氮气	0.36	−195.8
10	氧气	0.34	−183

② 活性炭装填量

目前，相关标准、设计规范中对活性炭的装填量尚未明确规定，常见喷烤漆废气净化设备采用多层活性炭板进行吸附，一共使用 4 块左右，重量总计达到约 50kg，采用水平或 M 形放置。活性炭的装填量决定了吸附有机废气总量以及更换频次，按照四氯化碳吸附率来计算，可以根据使用原料中 VOCs 含量推算活性炭最低装填量：

$$M=\frac{(C_{入}-C_{出})\times Q\times T}{CTC}\times 10^{-6}$$

式中，M 为活性炭最低装填量，kg；$C_{入}$ 为入口废气中 VOCs 初始浓度，mg/m^3；$C_{出}$ 为出口废气中 VOCs 浓度，一般取排放标准，mg/m^3；Q 为废气流量，m^3/h；T 为系统运行时间，h；CTC 为装填活性炭四氯化碳饱和吸附率,%。

通常而言，处理的喷烤漆废气中并没有四氯化碳成分，在实际测算中可以依据主要成分的饱和吸附容量来进一步准确测算活性炭最低装填量：

$$M=\frac{(C_{入}-C_{出})\times Q\times T}{X}$$

式中，X 为活性炭对挥发性有机废气中主要成分的吸附容量,%。

③ 废气停留时间

废气的流速对废气在吸附剂中的停留时间影响较大，活性炭吸附有机废气需要一定的时间，孙一坚、沈恒根提出喷漆废气活性炭处理装置的要求是废气在吸附层内停留时间为 0.2～2.0s。废气停留时间与活性炭装填量密切相关，与吸附层的截面积和厚度无直接关系。废气在吸附层内停留时间可以按照下式进行计算。

$$T=\frac{3600V}{Q}=\frac{3600M}{\rho Q}$$

式中，T 为废气停留时间，s；V 为活性炭装填体积，m^3；M 为活性炭装填量，kg；ρ 为活性炭装填密度，kg/m^3；Q 为废气流量，m^3/h。

2015 年北京市发布的《汽车维修业大气污染物排放标准》(DB11/ 1228—2015) 规定：“每 $10^4 m^3/h$ 设计风量的吸附剂使用量不应小于 $1m^3$”，装填密度一般为 $450kg/m^3$，通过计算停留时间为 0.36s，满足 0.2～2.0s 的要求，当然，在实际应用中，在保证通畅排风的前提下，可降低废气流速，提高废气停留时间，进而提升废气净化效果。

④ 废气成分

活性炭的四氯化碳吸附值、甲苯吸附值是单一组分条件下测试得到的数据，在实际应用中，喷烤漆废气成分复杂，涵盖酮类、酯类、醇类、醇醚类、苯类等，对某单一物质的吸附能力必然小于测试数据。因此，设计有机废气吸附装置时，应综合考虑总挥发性有机物的量。

活性炭是非极性分子，易于吸附非极性或极性很低的吸附质，因此对不同的有机物吸附能力也不同，存在竞争吸附，甚至是置换吸附的情况。陈良杰通过研究发现 6 种挥发性有机物在二元混合吸附体系中，吸附质强弱顺序为对二甲苯、甲苯、正丙醇、乙酸乙酯，吸附性能最弱的是乙醇和乙酸甲酯，该结果与物质极性顺序相一致。目前汽车水性漆的应用比例越来越高，除罩光清漆之外，均能够实现水性化，喷烤漆废气的主要成分也从原来的苯系物向醇类、酯类转化，相应的分子极性也有所增加，若仍然采用非极性的活性炭作为吸附剂，其净化效果会下降。因此，可以在净化装置中增加沸石、改性分子筛、氧化铝等极性吸附剂，提高对废气中醇类、酯类组分的净化效果。

⑤ 废气温度

目前，活性炭产品的吸附容量参数是在25℃条件下进行测定的，李学佳等人研究表明当气体温度升高时，活性炭吸附量下降，通常采用有机溶剂型涂料的汽车维修烤漆房的工作温度为60℃，在该温度下，一方面活性炭对有机废气的吸附能力较弱，另一方面还会将已经吸附的挥发性有机物吹脱下来，不利于去除污染物。由于水的蒸发潜热的烘干温度要高于传统的有机溶剂型漆，因此，水性漆喷涂的烘干废气的温度一般在80℃，由于喷烤漆房结构紧凑，从喷漆室至活性炭过滤装置的距离一般为1～2m，且风速高达5～7m/s，温降很少。因此，有必要对烤漆废气进行降温处理，可以考虑增加气-气换热器，将废气中的热量回收用于预热烤漆房新风。

⑥ 废气湿度

近年来，水性涂料的应用比例越来越高，除罩光清漆之外，均可以实现水性化。水性涂料主要以水为分散剂，含有少量醇醚，《车辆涂料中有害物质限量》（GB 24409—2020）、《汽车用水性涂料》（HG/T 4570—2013）对涂料中的挥发性有机化合物（VOCs）的含量进行了规定，如表4-19所示，与有机溶剂型涂料相比，水性涂料中的水分含量达到60%以上，由于原料成分的变化，导致废气的湿度有所升高，水分会占据活性炭的活性中心，使吸附效率下降。

表4-19 典型水性涂料与有机溶剂型涂料成分比较

指标值		挥发性有机化合物含量/(g/L)	
		溶剂型涂料	水性涂料
底漆		≤580	—
中涂		≤560	—
底色漆		≤770	≤420(扣除水后)
本色面漆		≤580	≤420(扣除水后)
清漆	哑光清漆	≤630	—
	其他	≤480	—

此外，在喷涂过程中进行洒水降尘，部分喷烤漆房配备水帘去除漆雾，还会进一步增加喷漆废气湿度。在实际操作中，有机溶剂型涂料喷漆室的相对湿度50%～80%，水性涂料喷漆室相对湿度60%±5%。高华生等研究空气湿度对低浓度有机蒸气在活性炭上吸附平衡的影响，发现水蒸气对VOCs在活性炭上的吸附平衡具有明显的抑制作用，为保持活性炭的吸附性能，活性炭的含水率应保持在5%以下。因此，应采取冷凝器、干燥器、丝网除雾器等设施对废气进行除湿，并且可通过碱处理活性炭提高其疏水

性，同时能够提高对苯系物的吸附能力。

⑦ 活性炭吸附法运行优化措施

目前，活性炭吸附法是一种处理喷烤漆废气成熟有效、应用广泛的技术，在实际运行过程中净化效果与活性炭种类、装填量、废气成分等因素密切相关，根据以上分析，可以通过选择高质量活性炭、合理核定活性炭装填量，废气进行降温、除湿预处理等途径进行优化，提高净化效果，具体优化措施详见表 4-20。

表 4-20 活性炭吸附法运行优化措施

项目	现有措施	改进措施
活性炭种类	煤质颗粒活性炭	①更换为比表面积更大的蜂窝活性炭、纤维活性炭等； ②对活性炭进行疏水化处理
活性炭装填量	根据废气量核定	根据废气量、废气浓度、活性炭容量综合核定
废气预处理	地棉去除漆雾	①增加水洗； ②增加滤筒等过滤装置，增加除湿装置； ③在活性炭吸附装置前端增加换热器，降低废气温度

当前，沸石转轮浓缩＋焚烧等 VOCs 治理技术在汽车维修行业得到推广应用，以上技术工艺与活性炭吸附相结合的组合工艺将是未来的发展方向。

4.4.2 挥发性有机物废气新型净化技术

如图 4-23 所示，有机废气的处理工艺包括回收技术和销毁技术两大类，还可以细分为冷凝回收、热力燃烧、低温等离子等技术，常见技术的使用对象和处理效率见表 4-21。目前，由于传统的活性炭吸附技术存在处理效果衰减明显，产生二次污染等缺点，挥发性有机物销毁技术得到了越来越多的应用。由于低温等离子、光催化氧化技术的局限性，在处理挥发性有机物的实际应用中净化效果不理想，已经被相关管理部门列为低效技术，本章主要介绍高效的焚烧技术和吸收技术。

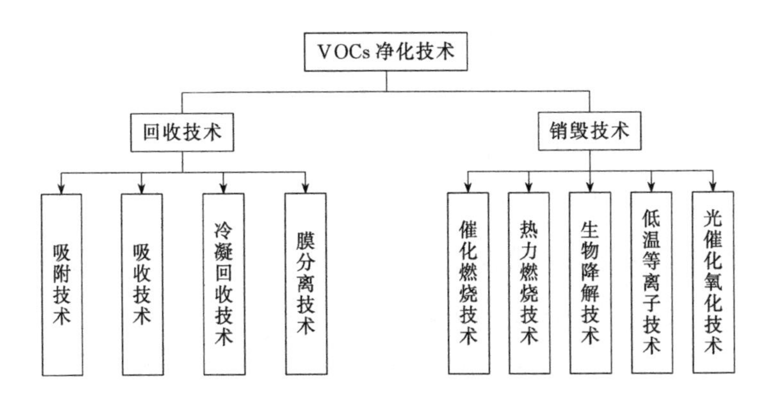

图 4-23 挥发性有机物废气处理工艺

表 4-21 常见有机废气常见处理工艺对比表

技术类型	技术名称	适用对象	VOCs 处理效率/%
回收技术	冷凝回收	高浓度(>2000mg/m³)	70
	变压吸附回收		70
	活性炭吸附	低浓度(<500mg/m³)	80
	吸收液吸收		80
销毁技术	热力燃烧	中浓度(500～2000mg/m³)	80
	催化燃烧		85
	生物降解		70
	低温等离子	低浓度(<500mg/m³)	70
	光催化氧化		70
	沸石转轮浓缩+焚烧		80

(1) 蓄热式热氧化技术（regenerative thermal oxidizer，RTO)

RTO 蓄热式热氧化回收热量采用一种新的非稳态热传递方式，原理是把有机废气加热到 760℃以上使废气中的 VOCs 氧化分解成 CO_2 和 H_2O，并回收废气分解时所释放出来的热量，三室 RTO 废气分解效率达到 99%以上，氧化产生的高温气体流经特制的陶瓷蓄热体，使陶瓷体升温而“蓄热”，此蓄热用于预热后续进入的有机废气，从而节省废气升温的燃料消耗。RTO 技术适用于处理中低浓度（100～3500mg/m³）废气，分解效率为 95%～99%。

RTO 由蓄热床、燃烧床、阀门三大部分组成，蓄热体装在燃烧室两侧；形式上有单室、双室及三室等。设备运行时采用流向变换操作，废气经过燃烧后的热气体通过一侧的蓄热体将热量蓄积下来，用于加热下一周期反向进入装置的含 VOCs 的气体。

经过燃烧室的废气，通过燃烧将废气中的 VOCs 转化为 CO_2 和 H_2O。

由于 RTO 在操作过程中切换频繁、速度快（0.5s)、每年要切换上百万次，因此要求切换阀要高度密封，极少泄漏；耐磨、耐高温、耐腐蚀。

RTO 使用的蓄热体：早期 RTO 使用的蓄热体绝大多数为以三氧化二铝和二氧化硅为主要成分的陶瓷材料制成，类似于吸收塔的填料，充填方式从乱堆发展到规整。充填的原则是：尽可能地增大与气体的接触面积、增大空隙率，减小气体通过时的阻力。目前 RTO 使用的蓄热体主要是堇青石、莫来石材质的蜂窝式陶瓷蓄热体，它在制造和本身的比表面积、重量、压力损失等方面具有较大的优越性。

RTO 净化有机废气具有如下优点：

① 增加了换热效率更高的蓄热层，降低能耗，蓄热层热回用效率一般可高达 95%。

废气中的 VOCs 总浓度达到 1000mg/m^3 时，运行时无需再补充热能，浓度高时还可回用热能。

② 净化效率高，对大部分 VOCs 的净化效率可达 98%以上。

(2) 蓄热式催化燃烧法（regenerative catalytic oxidation，RCO）

RCO 蓄热式催化燃烧法作用原理：第一步是催化剂对 VOCs 分子的吸附，提高了反应物的浓度，第二步是催化氧化阶段降低反应的活化能，提高了反应速率。借助催化剂可使有机废气在较低的起燃温度下发生无氧燃烧，分解成 CO_2 和 H_2O，放出大量的热，与直接燃烧相比，具有起燃温度低，能耗小的特点，某些情况下达到起燃温度后无需外界供热，反应温度在 250～400℃。排放自工艺含 VOCs 的废气进入双槽 RCO，三向切换风阀将此废气导入 RCO 的蓄热槽而预热此废气，含污染物的废气被蓄热陶块渐渐加热后进入催化床，VOCs 经催化剂分解被氧化，同时放出的热能加热蓄热槽中的陶块，用以减少辅助燃料的消耗。陶块被加热，燃烧氧化后的干净气体逐渐降低温度，因此出口温度略高于 RCO 入口温度。三向切换风阀切换改变 RCO 出口/入口温度。如果 VOCs 浓度够高，所放出的热能足够时，RCO 即不需燃料。RCO 热回收效率为 95%时，RCO 出口仅比入口温度高 25℃。

(3) 吸附浓缩＋焚烧

VOCs 吸附浓缩＋催化燃烧技术及设备，采用吸附浓缩＋催化燃烧组合工艺，整个系统实现了净化、脱附过程闭循环，与回收类有机废气净化装置相比，无需压缩空气和蒸汽等附加能源，运行过程不产生二次污染，设备运行费用较低，但是一次性投资较高。设计时在活性炭达到 94%饱和之前即开始脱附。可自动/手动切换阀门。活性炭更换周期 2～5 年。催化燃烧器炉内正常温度 400℃，500℃将报警，并通过补冷风进行降温，温度达 600℃时停机，同时设计泄压阀保证安全。该设备是根据吸附（效率高）和催化燃烧（节能）两个基本原理设计的，即吸附浓缩-催化燃烧法。采用专用活性炭作为吸附剂，贵金属催化剂，通过吸附-脱附过程的切换，将大风量、低浓度 VOCs 转化为小风量、低浓度 VOCs，并最终通过催化剂实现无火焰燃烧，将 VOCs 氧化为无害物质。整体装置采用 PLC 编程自控，实现无人值守，设备运行流程见图 4-24。

转轮浓缩技术用于 VOCs 净化，在日本、欧美等国家以及我国台湾地区得到普遍应用。近几年在国内一些大型汽车涂装厂和电子厂也已开始应用。该技术适合大风量、低浓度 VOCs 的治理。所用吸附剂多为沸石分子筛，微孔孔径在 0.5～1.5nm，特别适用于 VOCs 的吸附。

① 工艺原理：分子筛吸附浓缩转轮，其密封系统分处理和再生两部分，转轮缓慢

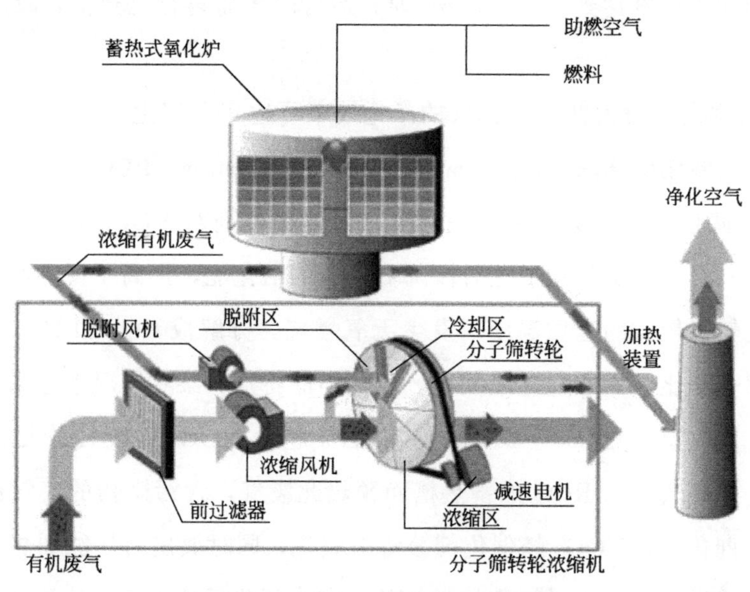

图 4-24　沸石转轮浓缩法工艺示意图

旋转使吸附过程完整连续。当废气通过处理区时，其中的废气成分被转轮中的吸附剂所吸附，废气被净化而排空，转轮逐渐趋向吸附饱和。在再生区，高温空气穿过吸附饱和的转轮，将吸附浓缩的废气脱附并带走，从而恢复转轮的吸附能力，脱附的高温气体进入 RTO 或 RCO 进行处理。

② 转轮的结构由蜂窝状陶瓷纤维纸内填装的沸石分子筛或蜂窝活性炭组成。

③ 转轮浓缩技术的优点如下。

a. 安全性好：吸附材料不燃，杜绝着火隐患。

b. 处理高效：净化效率可达 95%，环保达标。

c. 运行稳定：吸脱附稳定连续，脱附温度可达 200℃。

d. 维护费用低：吸附材料寿命长；没有控制阀。

e. 投资少：浓缩 15 倍以上，后处理设备要求降低。

f. 可与多种工艺组合。

(4) 吸收液吸收法

与吸附法类似，吸收法是通过所要分离的气体组分（吸收质）先与液相（吸收剂）结合，随后可通过再生方法（解吸）回到气相中，吸收的过程也可以分为物理过程和化学过程两种。吸收法对溶剂的要求是：

① 具有较大的溶解度，而且对吸收质具有较高的选择性；

② 蒸气压尽可能的低，避免引起二次污染；

③ 吸收剂要便于使用、再生；

④ 具有良好的热稳定性和化学稳定性；

⑤ 耐水解，不易氧化；

⑥ 着火温度高；

⑦ 毒性低，不易腐蚀设备；

⑧ 价格便宜。常用的吸收剂有水、洗油（烃类化合物）、乙二醇醚等。

吸收法也有缺点：一般投资费用大，而用于吸收剂循环运转的操作费用也较高。此外，如果废气中的有机物成分复杂，则难以再生利用或必须添加许多分离设备；还可能产生废水造成二次污染。

4.4.3 挥发性有机废气收集技术

挥发性有机废气的高效收集是污染治理的重要前提条件。《挥发性有机物无组织排放控制标准》（GB 37822—2019）要求 VOCs 质量占比≥10％的含 VOCs 产品，其使用过程应采用密闭设备或在密闭空间内操作，废气应排至 VOCs 废气收集处理系统；无法密闭的，应采取局部气体收集措施，废气应排至 VOCs 废气收集处理系统。因此，汽车维修企业应对调漆、喷烤漆以及喷枪清洗等工位进行废气收集。

废气收集系统排风罩（集气罩）的设置应符合《排风罩的分类及技术条件》（GB/T 16758—2008）的规定。采用外部排风罩的，应按《排风罩的分类及技术条件》（GB/T 16758—2008）、《局部排风设施控制风速检测与评估技术规范》（WS/T 757—2016）规定的方法测量控制风速，测量点应选取在距排风罩开口面最远处的 VOCs 无组织排放位置，控制风速不应低于 0.3 m/s。

废气收集系统的输送管道应密闭。废气收集系统应在负压下运行，若处于正压状态，应对输送管道组件的密封点进行泄漏检测，泄漏检测值不应超过 500μmol/mol，亦不应有感官可察觉泄漏。

汽车维修企业调漆间废气收集系统如图 4-25 所示。

4.4.4 中央除尘技术

目前，大部分汽车维修企业在钣喷维修时采用传统水磨或者移动式干磨机，在工作中，水磨会产生废水，污染环境，影响作业人员健康与周边环境，移动式干磨机能够满足单个工位的打磨要求，但是因其吸力稍低，整车打磨时需要移动，比较占空间，效率稍低。如图 4-26 所示，大功率中央集尘打磨系统采用高压风机，配置 PLC 编程控制系

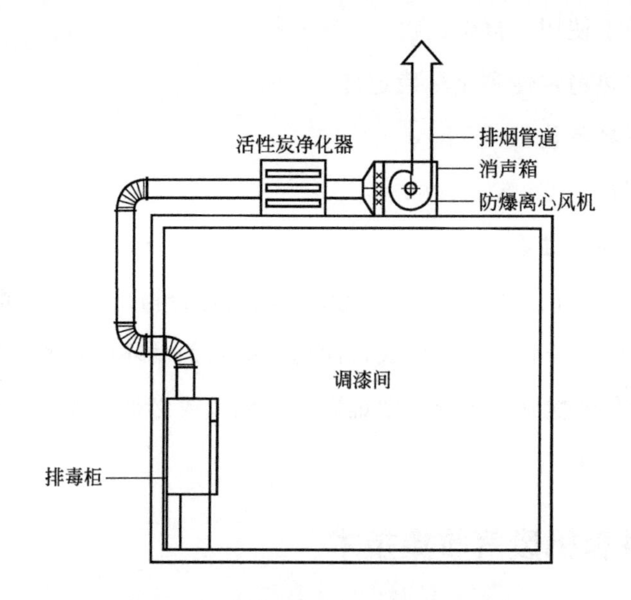

图 4-25 调漆间废气收集系统示意图

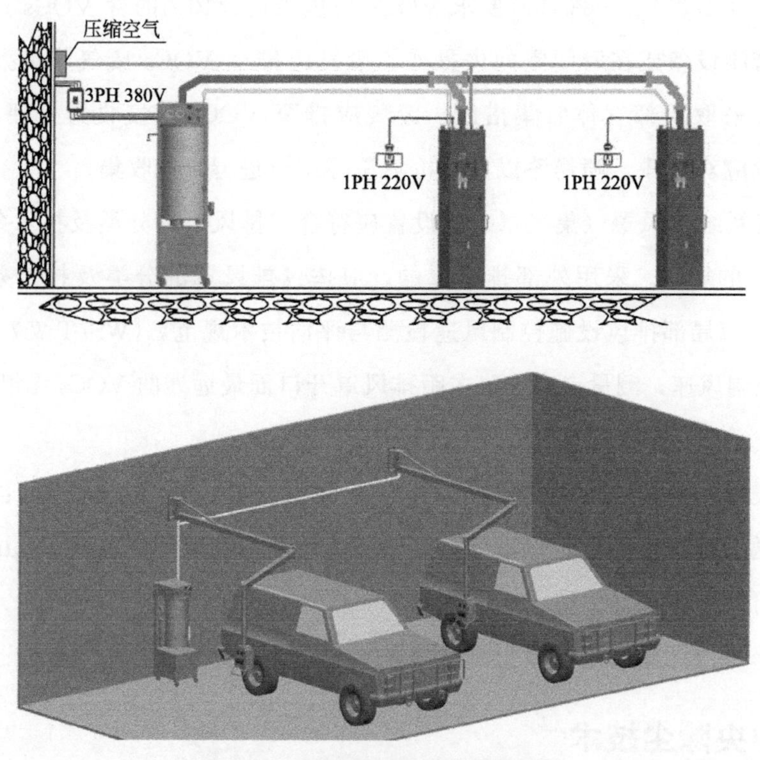

图 4-26 大功率中央集尘打磨系统

统，可设置恒定吸尘负压压力，并根据 1～8 个不同工位数打磨工作的开启，实现自动变频功能，在工作过程中保持设置的恒定吸尘负压压力，减少功耗，达到节能减排环保；可 24h 不间断工作；应用高效低阻空气过滤系统，配置大容量双截不锈钢集尘桶，可以方便取出清理灰尘；定时脉冲反吹系统可保证滤芯不易阻塞；采用旋风离心气流设计，创造出大于一般打磨系统3～4倍甚至更强的吸尘打磨能力。

中央集尘主机采用PLC编程器加变频器，使主机在工作中，只需要设置好中央集尘打磨系统的负压压力，主机能自动根据不同工人数在工作时产生的不同负压自动调整高压风机的电压频率，使中央集尘主机在整个工作中都保持在所设定的负压范围内，达到高效集尘又节省能源。

(1) 隔离噪声

中央集尘主机设计安装有噪声消声器，主机工作噪声只有70dB，可以任意安置于烤房或打磨房外、室外阳台、储物间或车库，远离室内，不仅能隔离噪声，且免除来回拖拉之累，方便省力且安静无声。

(2) 安装简便

使用管道式安装，主管道可以安装在墙面上、墙内、天花板或地下，简便实用又美观。

(3) 操作简单

只要启动打磨头工作，集尘主机自动开启，使用完毕关闭打磨头，集尘主机延时10s抽下净集尘管余尘后立即自动关闭，操作简单，具备完全远程控制自动化特点。

(4) 中央式集尘

集尘主机具有超强马力，真空负压吸尘快速无声又干净，通过管道连接到多个集尘口，使多个集尘口可同时接上吸尘软管配合打磨机边打磨边吸尘。

(5) 反吹尘装置

中央集尘主机滤芯内安装有自动反吹尘装置，能利用压缩空气定时脉冲反吹清洁滤芯，使滤芯保持高效过滤效果。

4.4.5 汽车维修尾气治理技术

汽车在维修调试过程中会产生汽车尾气。汽车尾气中的污染物主要包括：

① 氮氧化物，此类污染物本身存在毒性，再加上紫外线的分解，直接形成二次污染，氮氧化物排放严重的地区，会出现光化学烟雾，不仅破坏了大气环境，更重要的是危害人体健康；

② 一氧化碳、烃类化合物，同属于危害极高的气体，此类气体长期混合在空气中，能够引起人体中毒，而且此类污染物在游离状态下的排除难度非常高；

③ 二氧化碳，其属于汽车尾气的主要产物，引发严重的温室效应，直接破坏了大

气的保护层。

目前，针对汽车维修尾气，应在机修工位进行静止启动时，使用软管接驳排气管，将汽车尾气集中收集净化后排放。如图 4-27 所示，净化方式可以采用活性炭吸附等工艺。

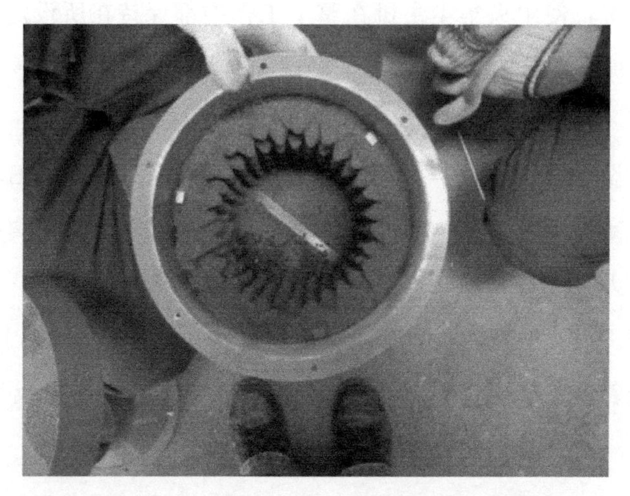

图 4-27　活性炭对汽车尾气吸附净化装置

4.4.6　废水处理技术

目前，洗车废水以排入城镇污水管网为主。洗车废水难免带入汽车残留油污和废渣，给城市公共污水处理增加了压力和处理难度。汽车维修企业的排水设施应实行雨污管网分离，禁止将洗车废水、维修车间地面清洁废水，汽车湿磨产生的废水排入雨水管网或排入河流和土壤中。生活、办公过程中产生的废水排入当地的污水管网。汽车维修企业排水系统如图 4-28 所示。

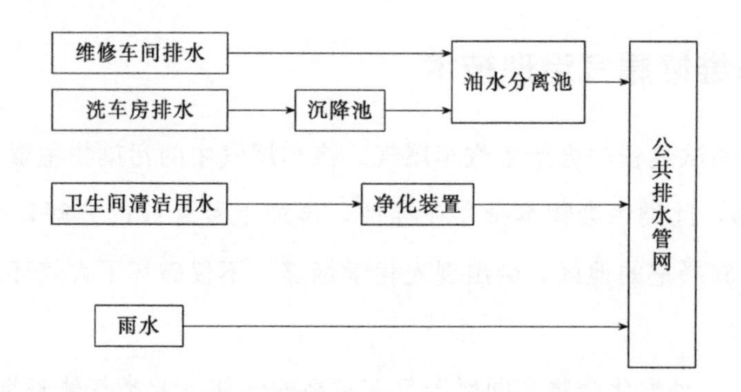

图 4-28　汽车维修作业废水收集及净化流程图

废水处理设施中，油水分离池具有重要的作用，含油废水应当通过油水分离池进行隔油、过滤、沉淀处理后排出，禁止将废渣直接冲入污水管道。油水分离池应定期清理，避免尾池池底被油膜覆盖，清理出的油及油泥应按照危险废物处置，不得随意处置。

汽车维修企业一般应具备与经营相适应的油水分离设施。规模较小的企业可使用油水分离器实现废水的隔油、过滤、沉淀处理。废水经处理后可循环利用。应定期进行循环水的水质监测和系统清洗，经过处理再利用的水需要保持适当 pH 值和无杂物，清洗时间可根据洗车量和周期进行，建议每周监测并记录，及时清洁。

分离池的构造图如图 4-29 所示。

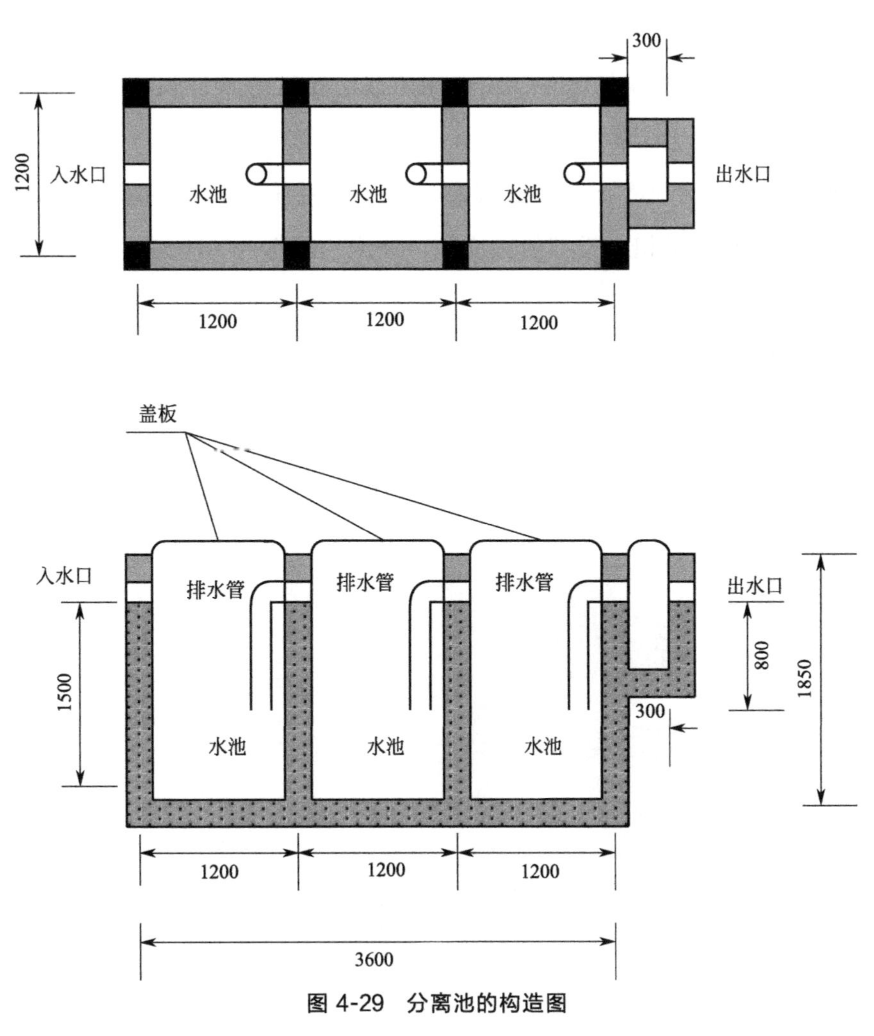

图 4-29　分离池的构造图

注：图中尺寸为最小尺寸，单位 mm。

4. 4. 7　空调冷媒加注回收技术

汽车空调冷媒加注回收设备应能够实现冷媒回收和加注、抽真空、循环再生以及冷冻油的排放和加注等功能，能有效防止空调冷媒的外泄。在维修和保养之前，自行进行压力测试、真空检漏等各种硬件测试。

① 检修汽车空调时，严禁将空调制冷剂排放到大气中，应按照《汽车空调制冷剂回收、净化、加注工艺规范》(JT/T 774—2010) 的要求进行制冷剂的回收、净化和加注作业。

② 在拆卸汽车空调系统的任何零部件前，都必须使用制冷剂回收设备抽出汽车空调系统中的制冷剂，防止制冷剂泄漏到大气中。

③ 在回收汽车空调制冷剂前，应鉴别汽车空调使用的制冷剂类型和纯度，按制冷剂类别分类回收，不得将不同类型的制冷剂混装在一个储罐中。对被污染或不能净化利用的制冷剂应回收到专门的储罐中，并委托有资质的专业机构进行无害化处理。

④ 在汽车空调系统检漏作业时，应使用氦气、氮气等惰性气体，不得在系统中加注氧气或空气检漏。

⑤ 在加注汽车空调制冷剂时，应按照汽车空调系统标识加注相应类型的制冷剂，并按照规范要求加注适量相应类型的冷冻油，加注的制冷剂和冷冻油类型应匹配，不得混用，不得加注过量。

⑥ 汽车维修企业应建议车主合理保养汽车空调系统，在不需要使用空调时应确保每月运行空调系统 2～3min，防止汽车空调制冷剂泄漏。

汽车空调冷媒加注回收设备见图 4-30。

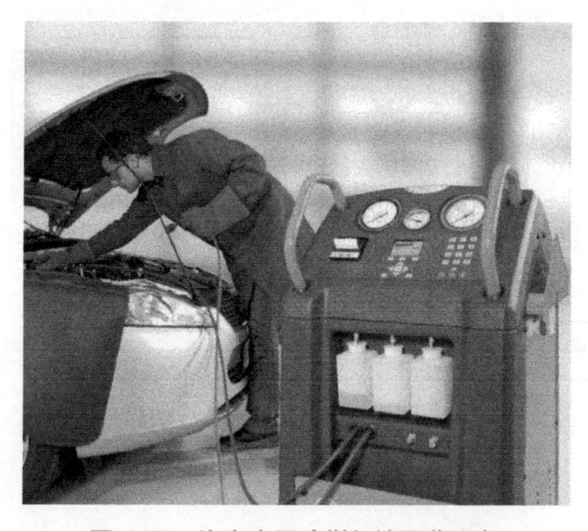

图 4-30　汽车空调冷媒加注回收设备

4.5 固体废物管理措施

2019 年 6 月，国务院常务会议通过《中华人民共和国固体废物污染环境防治法

（修订草案）》，并提交人大常委会审议。本次是《固废法》的第五次修订，其中危险废物规定条款17条，相关法律责任规定5条，涉及罚款事项11项，且处罚力度进一步增加，多项涉及危险废物违法行为的罚款提升至100万元，部分违法行为增加了相应的处罚措施。

与水污染、大气污染等环境执法相比，危险废物的执法具有执法技术难度低、证据容易固定、处罚力度大等特点，近年来成为环保执法处罚的重点方向。以北京市生态环境局为例，2018年共处罚168个企业（个人），其中45个企业违反《固废法》，包含29个汽车维修企业。汽车维修行业由于数量多，涉及危险废物种类多，成为危险废物管理执法的重点行业。

2015年，生态环境部发布了《危险废物规范化管理指标体系》（2016年1月1日实施），提出开展危险废物规范化管理要求，主要包括危险废物识别标志设置情况，危险废物管理计划制定情况，危险废物申报登记、转移联单、经营许可、应急预案备案等管理制度执行情况，贮存、利用、处置危险废物是否符合相关标准规范等情况。根据要求内容划分，危险废物标准化管理可以分为管理制度标准化建设和危险废物贮存设施标准化建设两部分。

4.5.1 管理制度标准化建设

（1）责任制度

汽车维修企业应依据《环境保护法》《固废法》建立责任制度，企业法人为第一责任人，全面负责危险废物管理工作，设立以企业法人、各部门领导、相关工作人员组成的工作小组，落实危险废物管理各项制度。

（2）分类制度

结合汽车维修行业特点，严格按照《国家危险废物名录》进行危险废物分类，分别进行收集和储存，不得混入一般固体废物和生活垃圾。不得将不相容的危险废物混合存放。

（3）标识制度

危险废物识别标志分为警告标志和标签，使用的位置包括危险废物贮存设施、场所及盛装危险废物的容器和包装物。其中危险废物贮存设施、场所必须具备警示标志和标签，盛装危险废物的容器和包装物需要张贴标签。警示标志的图形、颜色、尺寸应符合《环境保护图形标志　固体废物贮存（处置）场》（GB 15562.2）的要求，标签的内容、字体、颜色应符合《危险废物贮存污染控制标准》（GB 18597）的要求。对汽车维修行业来说，标签中危害性分类图标要和其危害性分类相一致。

识别标志的颜色必须清晰、完整，发生褪色、污损后应及时修复和更换。

一般废物收集指示标识如图 4-31 所示。现场危险废物收集装置如图 4-32 所示。

图 4-31　一般废物收集指示标识

图 4-32　现场危险废物收集装置

（4）许可证制度

目前，部分汽车维修园区统一由其中一家企业承担危险废物收集、贮存管理工作。该企业应根据《固废法》第五十七条的规定，申领危险废物收集经营许可证，并依法进行危险废物贮存和处置，否则危险废物产生企业和收集企业均面临违法的处罚。

汽车维修企业委托进行处置、利用危险废物的单位应具备危险废物经营许可证，且经营范围应与实际处置、利用危险废物种类相符合。

（5）转移联单制度

汽车维修企业在转移危险废物前，须按照国家有关规定报批危险废物转移计划，经批准后，产生单位应当向移出地生态环境主管部门申请领取转移联单。每张转移联单只能填报一类危险废物，危险废物转移联单中危险废物种类、名称、数量必须和实际相符合，至少保留5年。

由于危险废物转移联单仅包含委托处置的种类和数量等信息，为有效证明企业危险废物的依法处置，汽车维修单位应按日对危险废物的入库、出库情况进行记录，记录信息包括危险废物种类、数量、形态、包装等信息。建议汽车维修企业按月对危险废物库存量进行分类核算，每类危险废物的入库量应等于出库量和库存量之和。危险废物出入库记录如表4-22所示。

表4-22 危险废物出入库记录表（样表）

废物名称			期初量/kg				期末量/kg		
入库记录	日期	入库包装	来源	数量	包装物	形态	入库员签字	库管员签字	备注
出库记录	日期	出库包装	去向	数量	包装物	形态	出库员签字	库管员签字	备注

（6）应急制度

为贯彻落实《固废法》关于“产生、收集、贮存、运输、利用、处置危险废物的单位，应当制定意外事故的防范措施和应急预案”的规定。汽车维修企业应参照《危险废物经营单位编制应急预案指南》（国家环保总局 公告2007年第48号）的要求，依据《企业突发环境事件风险分级方法》（HJ 941—2018）、《危险化学品重大危险源辨识》（GB 18218—2018）等文件对企业环境风险源进行识别、分级和风险评估，并据此编制环境风险应急预案，将危险化学品泄漏、污染防治设施故障、危险废物泄漏等环境事件列入风险事件，并制定风险预防措施和风险应急措施。环境风险应急预案应向所在地县级以上地方人民政府生态环境主管部门备案。

企业应在风险点位配备消防、个人防护设施和污染处置物资，并定期进行检查和开展演练。危险废物贮存场所配备的灭火器见图4-33。

（7）申报制度

产生危险废物的汽车维修企业，必须按照国家有关规定制定危险废物管理计划，并向所在地县级以上地方人民政府生态环境主管部门申报危险废物的种类、产生量、流向、贮存、处置等有关资料，资料内容与实际情况保持一致。

图 4-33 危险废物贮存场所灭火器

4.5.2 危险废物贮存设施标准化建设

危险废物贮存设施的选址、设计、建设、运行管理应满足《危险废物贮存污染控制标准》(GB 18597) 等标准的要求，且应该落实环境影响评价和“三同时制度”。

(1) 选址

由于汽车维修企业的危险废物存在有毒、易燃性等危险性，危险废物贮存场所应远离周边环境敏感点和厂区风险点；危险废物贮存场所和设施应选择地基坚实平整处，远离下水道、井盖等设施和易涝低洼处，防止在贮存和装卸过程中发生泄漏，造成污染扩散。

(2) 场所

汽车维修企业的危险废物贮存场所应设置在永久建筑、临时建筑或设施的独立空间中，能够遮风避雨，方便人员进出。废矿物油与含矿物油废物等液体废物贮存区应设置围堰、导流槽和收集池。除永久或临时建筑之外，汽车维修企业可采用经防锈、防渗、防火、密封改造后的集装箱、货柜等设施作为贮存场所，如图 4-34 所示。

(3) 面积

汽车维修企业的危险废物贮存场所面积应依据危险废物产生量进行估算。根据危险废物体积、转移频次、盛放容器容积等参数可计算得到贮存场所的最小面积。

$$S_{场所}=\frac{M}{\rho V}\cdot\frac{S_{容器}}{\alpha\beta}\cdot\frac{1}{\delta}$$

式中，$S_{场所}$为贮存场所最小面积，m^2；M 为液体危险废物年产生量，kg；ρ 为密

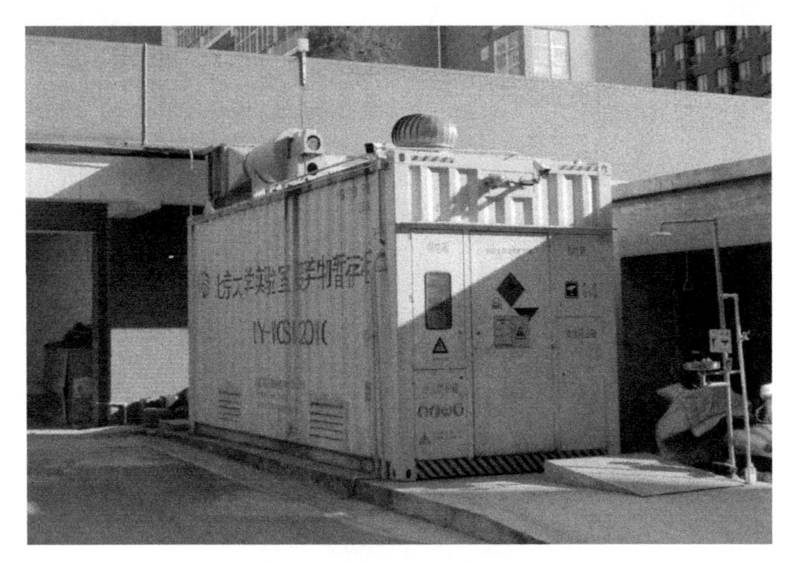

图 4-34　集装箱式危险废物贮存柜

度，kg/L；V 为盛放容器容积，L；$S_{容器}$ 为盛放容器底面积，m^2；α 为容器存放面积有效率，%；β 为容器存放容积有效率，%；δ 为危险废物转移频次，次/年。

以废矿物油为例，年产生 40t 废油（密度 0.91kg/L），使用容积为 208L 的油桶储存（底面积 $0.264m^2$，存放容积有效率 90%，存放面积有效率 78.5%），每个月转移一次，按照上述公式计算出所需贮存场所最小面积为 $6.58m^2$。

（4）防渗防腐

根据《危险废物贮存污染控制标准》（GB 18597）等标准的防渗要求，危险废物贮存场所地面、墙裙可采用 10～15cm 的混凝土进行硬化，再用 2mm 以上环氧树脂漆做防渗处理；或者铺设 2mm 高密度聚乙烯后再铺厚瓷砖。地面、墙裙所围的堵截容积应不小于所存放的废矿物油等液体废物储存量的五分之一。

根据《废铅酸蓄电池处理污染控制技术规范》（HJ 519）的要求，存放废铅酸蓄电池的场所地面应进行防腐处理，并配备酸液收集容器。废铅酸蓄电池贮存场所设施如图 4-35 所示。

（5）分区

如图 4-36 所示，汽车维修企业应识别产生的危险废物类别，并据此设置不同的危险废物贮存区域，各区域之间应采用分割线、隔断等进行区分，并按照要求在各区域设置对应的危险废物标签。

废铅酸蓄电池存在短路发热风险，应与其他易燃危险废物储存在不同房间或设施内。

（6）包装容器

应当使用符合标准的容器盛装危险废物。装载危险废物的容器及材质要满足相应的

(a)
(b)
图 4-35　废铅酸蓄电池贮存场所

图 4-36　危险废物分类贮存场所

强度要求。汽车维修企业除废铅酸蓄电池、废电路板之外，废有机溶剂与含有机溶剂废物、废矿物油与含矿物油废物、染料涂料废物三类危险废物含有挥发性有机物，应采用容器或者包装袋密闭存放。废矿物油贮存容器如图 4-37 所示。盛放液体废物的容器不宜装过满，防止转移过程造成泄漏。

图 4-37　废矿物油贮存容器

(7) 二次污染防治

由于汽车维修企业除废铅酸蓄电池、废电路板之外的其他大多数危险废物含有挥发性有机物，因此在相应的贮存场所配备有机废气收集和净化装置，可采用活性炭作为吸附剂，装置见图 4-38。为安全考虑，应对挥发性有机物浓度进行监测，对贮存场所出入口进行视频监控，防止二次污染。

图 4-38　危险废物贮存柜废气处理装置

(8) 监控监测系统

危险废物贮存作为危险废物产生和利用处置的中间环节，通过信息化手段实现对危险废物贮存场所的监控，在危险废物全过程监管中具有重要意义。如部分地方生态环境管理部门要求，危险废物产生单位和经营单位均应在关键位置设置在线视频监控。现对危险废物贮存设施视频监控设置位置、监控点位、监控系统等方面建议如下。

在视频监控系统管理上，企业应指定专人专职维护视频监控设施运行，定期巡视并做好相应的监控运行、维修、使用记录，保持摄像头表面整洁干净、监控拍摄位置正确、监控设施完好无损，确保视频传输图像清晰、监控设备正常稳定运行。因维修、更换等原因导致监控设备不能正常运行的，应采取人工摄像等应急措施，确保视频监控不间断。

在废油、废涂料、废活性炭等产生挥发性有机物的贮存场所还应该安装可燃气体探测器、烟雾探测器和自动消防系统。可燃气体报警器检测到可燃性气体浓度达到报警器设置的报警值时，可燃气体报警器就会发出声、光报警信号，以提醒采取人员疏散、强制排风、关停设备等安全措施。发生火灾时，烟雾探测器联动自动消防系统进行灭火。

危险废物贮存设施监控系统要求详见表 4-23，监控设备安装情况见图 4-39。

表 4-23　危险废物贮存设施监控系统要求

<table>
<tr><th colspan="2" rowspan="2">设置位置</th><th rowspan="2">监控范围</th><th colspan="3">监控系统要求</th></tr>
<tr><th>设置标准</th><th>监控质量要求</th><th>存储传输</th></tr>
<tr><td rowspan="4">一、贮存设施</td><td>全封闭式仓库出入口</td><td>全景视频监控，清晰记录危险废物入库、出库行为</td><td rowspan="6">①监控系统须符合《公共安全视频监控联网系统信息传输、交换、控制技术要求》(GB/T 28181)、《安全防范高清视频监控系统技术要求》(GA/T 1211)等标准；
②所有摄像机须支持 ONVIF、GB/T 28181 标准协议</td><td rowspan="6">①须连续记录危险废物出入库情况和物流情况，包含录制日期及时间显示，不得对原始影像文件进行拼接、剪辑和编辑，保证影像连贯；
②摄像头距离监控对象的位置应保证监控对象全部摄入监控视频中，同时避免人员、设备、建筑物等的遮挡，清楚辨识贮存、处理等关键环节；
③监控区域 24h 须有足够的光源以保证画面清晰辨识。无法保证 24h 足够光源的区域，应安装全景红外夜视高清视频监控；
④视频监控录像画面分辨率须达到 300 万像素以上</td><td rowspan="6">①包含储罐、贮槽液位计在内的视频监控系统应与中控室联网，并存储于中控系统。没有配备中控系统的，应采用硬盘或其他安全方式存储，鼓励使用云存储方式，将视频记录传输至网络云端按相关规定存储；
②企业应当做好备用电源、视频双备份等保障措施，确保视频监控全天 24h 不间断录像，监控视频至少保存 3 个月</td></tr>
<tr><td>全封闭式仓库内部</td><td>全景视频监控，清晰记录仓库内部所有位置危险废物情况</td></tr>
<tr><td>围墙、防护栅栏隔离区域</td><td>全景视频监控，画面须完全覆盖围墙围挡区域、防护栅栏隔离区域</td></tr>
<tr><td>储罐、贮槽等罐区</td><td>①含数据输出功能的液位计；
②全景视频监控，画面须完全覆盖罐区、贮槽区域</td></tr>
<tr><td colspan="2">二、装卸区域</td><td>全景视频监控，能清晰记录装卸过程，抓拍驾驶员和运输车辆车牌号码等信息</td></tr>
<tr><td colspan="2">三、危险废物运输车辆通道(含车辆出口和入口)</td><td>①全景视频监控，清晰记录车辆出入情况；
②摄像机应具备抓拍驾驶员和车牌号码功能</td></tr>
</table>

图 4-39 危险废物贮存场所监控设备

危险废物的危害性突出，汽车维修企业产生的危险废物种类较多、管理难度大。依据我国现行的相关法规、标准和技术文件的要求，做好危险废物管理标准化建设和污染防治设施标准化建设，能够大大降低企业违法违规的风险，减少对环境的污染。

4.6 清洁生产管理措施

清洁生产的定义：清洁生产是一种新的创造性的思想，该思想将整体预防的环境策略持续地应用于生产过程、产品和服务中，以增加生态效率和减少人类及环境的风险。清洁生产的内容：清洁的原料和能源，清洁的生产过程，清洁的产品和服务。清洁生产的目标：节能、降耗、减污、增效。

清洁生产与末端治理的区别：清洁生产重视在源头和生产过程中消除可能的污染，传统的污染治理采取先污染后治理的方式，这不仅加大了治理的难度，更增加了对环境的危害。

汽车维修行业属于城市服务业，但是兼具生产型企业的特征，为了科学合理地利用资源、减少污染、降低成本、提高企业整体经济效益，企业应该建立合理的清洁生产管理制度。

4.6.1 清洁生产水平评价制度

清洁生产水平评价是企业推行清洁生产的首要工作，企业应对照适用的清洁生产评价指标体系，从技术装备、资源消耗、环境绩效和清洁生产管理等方面进行对标分析。企业应制定清洁生产水平评价制度，定期开展清洁生产评价，评价的形式可以分为自评价和第三方评价，通过综合评价企业清洁生产水平状况，分析落后指标的原因，对持续改进的方向和目标提供指引。

目前，北京市于2015年颁布实施了《清洁生产评价指标体系　汽车维修及拆解业》(DB11/T 1265—2015)，规定了汽车整车维修企业清洁生产评价的指标体系、评价方法，可供相关单位参考。

4.6.2 机动车排放检测与维修（I/M）制度

根据清洁生产的定义，清洁的产品是其重要内容之一，对维修保养的车辆应进行检测，确保出厂车辆尾气符合环保要求，延伸了企业的服务内容。机动车排放检测与维修(I/M)制度是指对在用汽车定期进行尾气排放检测(I)，经检测不符合规定排放标准的实行强制维修(M)。目前，交通运输部门会同环保部门推动实施I/M制度，明确机动车排放检测站(I站)和维修站(M站)的职责、认定标准、统一标识及作业服务流程，制定机动车排放维修技术规范，通过I/M制度有效控制在用汽车的尾气排放，减少尾气不达标车辆排放对空气造成的污染，不断提高汽车尾气排放治理能力。机动车排放检测与维修(I/M)流程如图4-40所示。

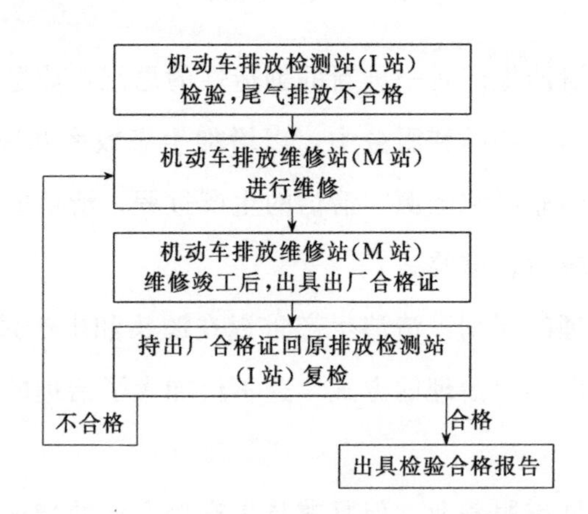

图4-40　机动车排放检测与维修（I/M）流程

目前，浙江、江苏、河北、四川等地已经试点开展机动车排放检测与维修(I/M)制度，汽车维修企业应积极开展M站建设，坚持以车辆检测数据为基础科学诊断，合理制定治理服务方案，加强尾气治理服务合同管理，向车主提供维修竣工出厂合格证，建立治理质量保证期制度，建立尾气治理产品及配件追溯制度。

4.6.3 节能制度

① 企业节能管理部门负责企业的节能管理工作，根据国家相关的法律法规，加强节能管理，积极采取技术上可行，经济上合理的措施，减少企业生产各个环节中能源的损失和浪费，更有效、合理地利用能源。

② 企业能源供应部门与企业各分厂、车间的运行主管负责人，负责企业能源设备、耗能设备的节能经济运行的日常巡查、监督、检查工作。

③ 企业在进行新厂建设、扩建或工程改造时，工程技术主管部门应严格把关，对工程可行性报告的节能篇和工程节能评估报告书应严格审查，确保工程建设符合国家相关节能法律法规要求，把不合理利用能源和浪费能源的问题控堵在源头。

④ 企业工程建设主管部门在管理工程设计时，严格掌握，设计必须采用节能新工艺、新设备、新材料，正确进行企业能源负荷计算。工程施工、调试结束时，所有节能措施的设备要同时投入运行。

⑤ 企业设备采购部门在采购关键性设备时，除按设计要求之外，还需得到节能主管部门的共同论证，确保采购具有节能标识的设备。

⑥ 企业运行计划部门应加强用能管理，合理安排生产班次，做到计划生产、平衡调度，合理调整企业用能设备的工作状态，合理分配与平衡负荷，并严格控制非生产能源使用。

⑦ 企业推进能源消耗目标管理，节能主管部门组织会同有关部门制定企业各种产品的能耗定额指标，并实施单耗考核，能源消耗定额指标考核落实到车间、工段、班组。

⑧ 企业培训宣传部门负责对能源设备运行人员和生产工艺操作人员进行节能知识和操作规程的培训。

⑨ 车间操作人员对所有动力设备应尽可能减少空载操作。

4.6.4 节材制度

① 企业生产所需要的一切材料，其技术标准由企业运行部门提出，会同企业节能主管部门共同编制，并经企业节能领导小组主管批准后执行。

② 企业材料的供应部门必须严格按照企业审定的技术标准进行市场采购，通过市场的信息调研，制定采购计划，并做好合同的签订、履行等管理，保证生产用材料的需求。

③ 企业材料的供应部门应认真做好材料进厂的检量、检质管理，落实验收制度，进厂的材料应抽样化验，做好记录，并及时对照计划、合同，核对数量、品种和质量。

④ 企业材料的供应部门对材料入厂全过程发出的各种经营与技术文件必须随实物同时到达并存档，作为运行与结算的依据。

⑤ 做好材料的贮存管理，按照进厂材料的种类、规格、分区存放，标明材料特点，并设专人管理。

⑥ 做好库存管理，定期进行库存盘点，建立库存盘点台账，做到账、物相符。

4.6.5 节水制度

企业应进行节约用水的教育和宣传，增强全体员工的节水意识。各级领导要以身作则，教育和带领员工自觉爱护用水设施与设备，提高水资源循环利用率。

① 养成节约用水的良好习惯，做到“随手关水”“人走水关”，防止发生“常流水”的现象，禁止浪费水资源，发现漏水及时报修。

② 建立健全节约用水工作责任制，各部门领导为节约用水责任人，负责落实各项节水工作制度，加强对节水工作的奖惩考核。

③ 建立节水用水监督机制，加强节水用水监督工作，及时发现和制止浪费水资源的行为，严肃处理破坏、损坏节水设施、设备的行为。

④ 加强节约用水检查工作，各部门负责人要每日检查、节假日放假前要全面检查，发现问题及时整改，并把节约用水工作列入交接班记录。

⑤ 定期做好用水设施、设备的维修保养工作，确保其处于完好状态。

4.6.6 相关方环境管理

根据绿色供应链的管理思路，汽车维修企业应该在采购配件方面建立管理制度、合格供方名册、对合格供方的定期评价制度及评价记录，建立针对采购人员和供应商的监管体系，选用环保原料、产品和设备。

目前，生态环境部每年向全社会公开《环境保护综合名录》，包含两部分：高污染、高环境风险产品（简称“双高”产品）名录和环境保护重点设备名录。综合名录在推动构建绿色税收、绿色贸易、绿色金融等环境经济政策方面发挥了重要作用。近年来，结合综合名录研究成果，生态环境部先后推动和配合有关部门，出台了一系列环境经济政策：一是将涉重金属的高污染的电池、挥发性有机污染物含量较高的涂料产品纳入消费税征收范围；二是对“双高”产品不予综合利用增值税优惠、不予调高出口退税，目前已有400余种“双高”产品被取消出口退税、禁止加工贸易；三是推动金融机构按照风险可控、商业可持续原则，严格对生产“双高”产品企业的授信管理；四是推动企业实施绿色采购，引导企业避免采购“双高”产品；五是结合推进生活方式绿色化，引导企业和公众减少对“高污染、高环境风险”产品的使用。

企业在采购材料时，应参考《环境保护综合名录》等文件，选用环境保护重点设备，拒绝“双高”产品，规范产品采购体系。

4.6.7 绿色宣传

企业应有倡导节约、环保和绿色消费的宣传行动，对消费者的节约、环保消费行为提供鼓励措施。如图 4-41 所示在汽车维修店及汽车维修工作场所张贴环保标语和环保宣传画，培养客户和工作人员的节能环保意识。

(a)

(b)

图 4-41 节能环保宣传画

第 5 章
汽车维修行业环保技改案例

5.1 油性漆改水性漆方案

5.1.1 方案简介

某汽车维修企业现用油漆、稀释剂、固化剂中由于含有苯类、烷烃类等多种有机物质，在维修喷漆过程中会产生 VOCs。随着国家和当地对 VOCs 的排放和管理要求越来越严格，溶剂型漆（油性漆）已无法满足相关环保要求。因此，该企业采用水性漆替代传统的油性漆。

5.1.2 技术可行性分析

在进行汽车车身损坏修复后喷涂时，一般包括底漆、中涂漆、底色漆和罩光清漆等几道工序的喷涂。水性漆与传统溶剂型漆的成分基本一样，包括溶剂、树脂、颜料和添加剂等。水性中涂漆主要有聚酯漆和聚氨酯漆，其固体分含量较高，一般为 50%～60%，水性中涂漆的抗石击性能优于传统的溶剂型中涂漆。水性底色漆主要有丙烯酸漆和聚氨酯漆。水性清漆由于价格较高，目前尚未广泛使用，普遍采用的罩光清漆是高填充性的双组分溶剂型漆。

水性底漆与溶剂型底漆的溶剂含量对比见表 5-1 所示。从表中可以看出，水性底漆所含溶剂主要是水，树脂分散在水中形成聚合物分散体系；而传统溶剂型漆的溶剂主要是有机溶剂，树脂在溶剂中形成聚合物溶液，这也是水性漆和溶剂型漆的最大差别，二者与水的相容性如图 5-1 所示。

表 5-1　水性底漆与溶剂型底漆的溶剂含量对比

分类	水性底漆/%	低固体分溶剂型底漆/%
固体分	21	13
有机溶剂	14	87
水	65	0

与溶剂型漆相比，水性漆的施工工艺与溶剂型漆不同，如水性底漆喷涂后需增加加热挥发过程，水性中涂漆烘干时需增加红外线升温和保温过程。以该汽车维修企业为例，水性漆施工工艺和主要技术参数如下。

① 喷涂水性中涂漆。

图 5-1　溶剂型漆和水性漆与水的相容性比较

② 中涂烘干，工艺参数如下。

挥发：室内条件下 5min。

红外线升温：2～3min，(70±10)℃（车身）。

红外线保温：3～5min，(70±10)℃（车身）。

循环热空气升温：约 5min，165～175℃（车身）。

循环热空气保温：15min，165～175℃（车身）。

冷却：车身温度冷却到小于 35℃。

③ 喷涂水性漆色漆。

④ 加热挥发，工艺参数如下。

挥发：室内条件下 1.5min。

红外线升温：1.5min，(70±10)℃（车身）。

循环热空气保温：2.5min，(70±10)℃（车身）。

冷却：车身温度冷却到小于 35℃（约 2min）。

在加热挥发区必须确保水性漆中 90%以上的水分挥发掉。

⑤ 喷双组分清漆。

⑥ 面漆烘干，工艺参数如下。

挥发：室内条件下 3min。

红外线升温：10min，(125±20)℃（车身）。

循环热空气保温：20min，(125±10)℃（车身）。

冷却：车身温度冷却到小于 35℃。

此外，对于喷涂设备，水性漆与油性漆的要求也不尽相同。

(1) 调漆室

调漆室应尽可能地靠近喷漆室。调漆室要有温度调节，以保证施工时最佳的油漆温度（20～25℃）。调漆室要有足够的水性漆库存空间，当水性漆从室外送往调漆室时，需在调漆室内存放足够的时间，以将水性漆升温到施工温度。

(2) 喷漆室

水性漆的喷漆室室体、槽子等易受潮部位需全部采用不锈钢材质，避免设备腐蚀。温度和湿度会直接影响到水性漆膜的颜色、金属闪光效果、漆膜粗糙度、色匀性、防流挂性、结构形态以及对中涂的湿润性能等。因此，必须严格控制喷漆室内的温度和湿度，施工区域内的温度波动不能超过±1℃，相对湿度波动不能超过±5%，基材或车身温度应保持在喷漆室条件下的露点以上。

(3) 喷涂设备

水性漆可使用空气喷枪、静电空气喷枪或高速旋杯进行施工。水性漆的喷涂设备要求特殊的清洗剂并增加换色次数，以确保设备内部清洁。

5.1.3 环境可行性分析

采用水性漆后，可大幅减少汽车维修企业喷涂时 VOCs 气体的排放。表 5-2 列举了几种常见颜色的水性漆和溶剂型漆的 VOCs 含量，由于水性漆中水的占比较大，有机溶剂占比较低，使得水性漆的 VOCs 含量远远低于溶剂型漆。

表 5-2 溶剂型漆和水性漆 VOCs 含量对比

溶剂型漆	VOCs 含量/%	水性漆	VOCs 含量/%
极地白	49.00	玉白	14.27
劲酷黑	71.00	金黑	17.90
锐利银	71.68	简约银	21.36
风格红	60.00	宝红	15.49
炫彩	69.00	炫目金	17.86

喷烤漆房废气监测报告结果显示，在相同的废气处理工艺条件下，该企业使用油性漆喷涂时废气中非甲烷总烃的浓度为 20.3mg/m^3，更换为水性漆后，非甲烷总烃的浓度为 4.16mg/m^3，非甲烷总烃排放量可减少约 80%，环境效益明显。

5.1.4 经济可行性分析

(1) 能耗分析

采用水性漆的能耗与溶剂型漆相比，存在3方面的不同：喷漆室温湿度调节、中间加热挥发和废气净化。综合比较，使用水性漆后会增加一定的能源消耗。

① 喷漆室温湿度调节

水性漆喷漆室的最佳温度控制在(23±1)℃，相对湿度控制在(65±5)%范围内，温度、湿度调节需要消耗能量，能耗大小取决于外部天气条件。

② 中间加热挥发

底漆涂覆后的中间挥发过程中，由于蒸发时间不能任意延长，因此需设置中间加热区(以红外辐射和热空气的形式)，需要增加能耗。

③ 废气净化

使用溶剂型漆时，为达到排放标准的要求，需要对喷漆房排放的废气进行处理，这需要增加投资和能耗，如采用水性漆可以相对减少这方面的投资和能耗。

(2) 材料成本分析

使用水性漆后，单位质量的油漆材料成本相对于溶剂型漆会有增加，主要受到使用油漆的价格差异影响，增幅一般不会超过20%。该汽车维修企业使用溶剂型漆时每个喷漆部位成本为65元，更换为水性漆后，每个部位喷漆成本为77元，单个部位增加成本12元。

(3) 设备成本分析

按照同样规模建造一个水性漆的油漆车间，其设备投资比溶剂型漆车间增加约10%。

5.2 燃油喷烤漆房改为燃气喷烤漆房

5.2.1 方案简介

某汽车维修企业设有2个燃油喷烤漆房，用于维修车辆的喷烤漆。喷烤漆房使用柴油，燃烧产生热量用于烤漆，燃烧效率为87%~90%，根据该企业柴油消耗和喷烤漆车辆数量统计，燃油喷烤漆房的耗油量约为2.07kg/车次。加热柴油产生的废气中含有烟尘、SO_2和氮氧化物等污染物，影响企业周边环境，企业计划对原有的柴油加热器进行更换，使用燃气燃烧器，以天然气替代柴油作为加热能源，减少燃料燃烧时的污染物排放量。

5.2.2 技术可行性分析

燃气燃烧器构造由以下5个系统组成。

(1) 送风系统

送风系统的功能在于向燃烧室里送入一定风速和风量的空气，其主要部件有：壳体、风机马达、风机叶轮、风枪火管、风门控制器、风门挡板、凸轮调节机构、扩散盘。

(2) 点火系统

点火系统的功能在于点燃空气与燃料的混合物，其主要部件有：点火变压器、点火电极、点火高压电缆。

(3) 监测系统

监测系统的功能在于保证燃烧器安全、稳定的运行，其主要部件有火焰监测器、压力监测器、温度监测器等。

(4) 燃料系统

燃料系统的功能在于保证燃烧器燃烧所需的燃料。燃气燃烧器主要有过滤器、调压器、电磁阀组、点火电磁阀组、燃料蝶阀。

(5) 电控系统

电控系统是以上各系统的指挥中心和联络中心，主要控制元件为程控器，针对不同的燃烧器配有不同的程控器，常见的程控器有：LFL系列、LAL系列、LOA系列、LGB系列，其主要区别为各个程序步骤的时间不同。

该燃气喷烤漆房有以下优点。

(1) 热效率高

能适应压力波动，自行调节一次配风（即燃气压力大，吸入一次风多；燃气压力小，吸入一次风少），燃烧充分，热效率高，可达到95%。

(2) 安全性高

该燃烧器配备小火。锅炉启动时，先点小火，当小火正常稳定燃烧时，自控系统才打开主燃气阀门，燃料才能进入锅炉正常燃烧，不会产生爆燃现象。

(3) 燃料适应性强

该种燃烧器只需更换少量部件就能适用于天然气、液化石油气、煤气、液化石油混合气以及其他类燃气。因此，该方案技术可行。

5.2.3 环境可行性分析

燃烧天然气产生的污染物远小于燃烧柴油，可大幅降低二氧化硫及颗粒物的排放量，同时由于燃烧效率的提高，每年可降低企业的能源消耗量。

燃油燃烧器效率较低，平均效率设定为88%，改造为燃气燃烧器后，平均热效率基本能够达到95%。

该汽车维修企业一年的柴油消耗量为72.8t，折合标准煤106.08tce。

产生的热量折合标准煤为：106.08×88%=93.35（tce）。

产生相同热量的情况下，燃气喷烤漆房折合标准煤量：93.35÷95%=98.26（tce）。

消耗天然气的量：98.26tce÷(13.3tce/10^4m^3)=7.39×10^4m^3。

方案实施后能够节能：106.08−98.26=7.82（tce）。

按每吨标准煤减排CO_2 2.66t，减排SO_2 16.5kg，减排NO_x 15.6kg计算，每年减排CO_2 20.8t，SO_2 129.03kg，NO_x 121.99kg。计算过程如下：

$$每年减排CO_2=7.82\times2.66=20.8(t)$$

$$每年减排SO_2=7.82\times16.5=129.03(kg)$$

$$每年减排NO_x=7.82\times15.6=121.99(kg)$$

5.2.4 经济可行性分析

该方案投资为110万元。按照柴油单价9075元/t计算，节约柴油费66.07万元；耗天然气7.39×10^4m^3，按照天然气单价3.32元/m^3计算，耗天然气费24.53万元；项目改造完成后，每年可节约费用41.54万元。

该方案经济可行性分析如表5-3所示。

表5-3 经济可行性分析表

项目	参数	单位
总投资费用(I)	110	万元
年运行费总节省金额(P)	41.54	万元
贴现率	7	%
折旧期(n)	10.00	年
各项应纳税总和	15	%
年折旧费(D)	11	万元
应税利润(T)=$P-D$	30.54	万元

续表

项目	参数	单位
净利润(E)	36.96	万元
年增现金流量(F)$=D+E$	47.96	万元
偿还期	2.29	年
净现值(NPV)	226.84	万元
内部收益率(IRR)	42.32	%

由表5-3可知，本方案实施后，该企业在3年内即可收回成本，内部收益率为42.32%。该方案经济可行。

5.3 喷烤漆房及调漆室废气治理方案

5.3.1 方案简介

某汽车维修企业设有4座喷烤漆房，年喷涂车辆约8000辆，消耗9000L油漆，年VOCs产生量7t。经现场考察，该企业每座喷烤漆房的排风量为18000m^3/h，喷烤漆房使用时排放的废气目前通过活性炭吸附工艺处理，每座喷烤漆房的活性炭装炭量为75kg，更换周期为3个月。由于活性炭吸附能力有限，会很快达到饱和，若不及时更换则不能满足稳定达标的要求。

目前，汽车维修行业常用的有机废气处理技术包括活性炭吸附技术、光氧催化技术、低温等离子体技术等，考虑到企业VOCs产生量较多，若继续采用活性炭吸附等吸附技术处理喷烤漆房废气，会产生大量的废活性炭且产生二次污染，且废活性炭处理费用较高。因此，在综合考虑处理效果、一次性投资和运行成本后，企业决定采用“预处理+微波等离子光氧催化”技术处理有机废气，包括漆雾的预处理和有机废气净化两方面内容。

5.3.2 技术可行性分析

喷烤漆房废气治理设施由漆雾过滤器、微波等离子处理设备和UV光氧催化等串联组成，处理流程如图5-2所示。

(1) 预处理系统工作原理

含漆雾的废气在负压气流的作用下，从管路入口进入除尘体，通过滤筒的过滤作

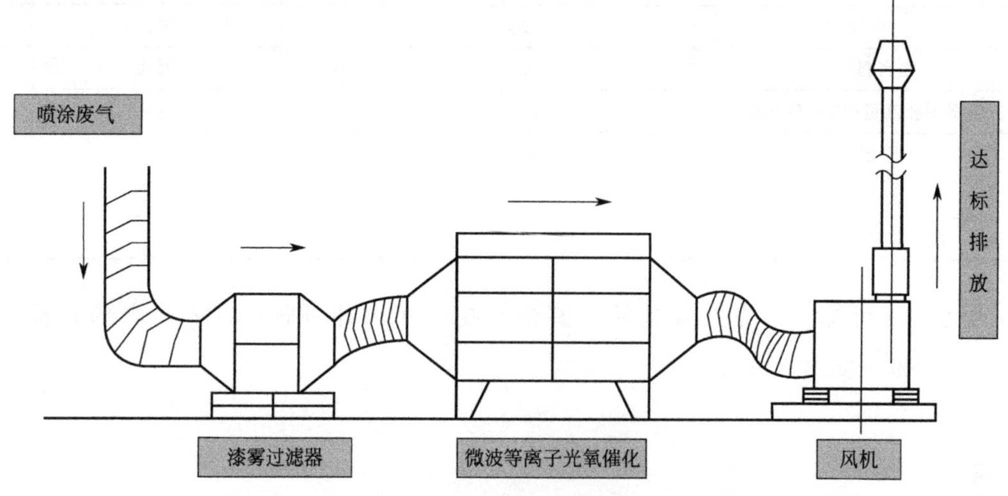

图 5-2 预处理+ 微波等离子光氧催化处理工艺流程图

用，漆雾从气流中分离出来，被净化了的气体从滤筒内部进入主处理系统：漆雾经过滤筒过滤时，漆雾留在滤筒的外表面。清灰时，由脉冲控制仪发出指令按顺序触发开启各脉冲阀，使气包内的压缩空气由喷吹管各孔眼喷射到各对应的文氏管（称一次风）。在高速气流通过文氏管时诱导数倍于一次风的周围空气（称二次风）进入滤筒，造成滤筒瞬间急剧膨胀。由于气流的反向作用，使积附在滤筒上的漆尘脱落，脉冲阀关闭后，再次产生反向气流，使滤筒急速回缩，形成一胀一缩，积附在滤筒外部的粉饼因惯性作用而脱落，使滤筒得到更新，被清掉的漆尘落入除尘器下部的灰斗中。

（2）微波等离子工作原理

微波放电作为一种简便、易实现的放电产生方式，能够在大气压下产生大体积的等离子体，是一种可用来进行有机废气处理的有效手段。微波等离子体的能量集中，反应温度较高，温度空间分布梯度较大，具有丰富的高能电子、带电粒子和活性自由基，这些高能粒子可与废气中的污染物相互作用，使污染物分子在极短的时间内发生分解，并发送后续的各种反应以达到降解污染物的目的，因此对喷涂废气中的苯、甲苯、二甲苯等有机物质具有良好的降解效果。等离子净化有机废气技术原理见图 5-3。

等离子体化学反应过程中，等离子体传递化学能量的反应过程中能量的传递大致如下：

① 电场＋电子 → 高能电子

② 高能电子＋分子（或原子）→（受激原子、受激基团、游离基团）活性基团＋分子（原子）→生成物＋热

过程一：高能电子直接轰击

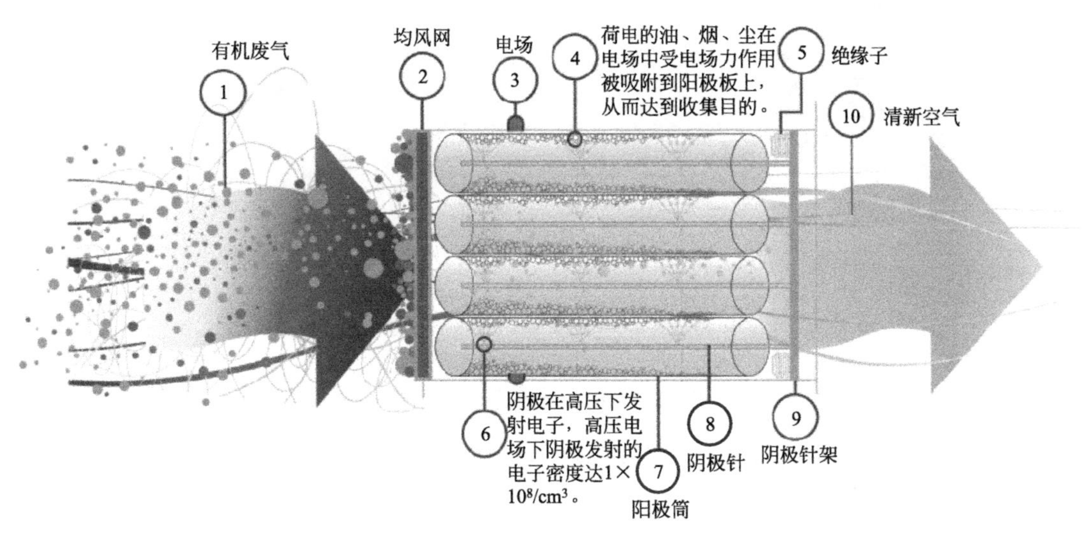

图 5-3　等离子净化有机废气技术原理图

过程二：产生氧原子、臭氧、羟基自由基及小分子碎片

$$O_2 + 2e \longrightarrow 2O\cdot$$

$$O_2 + O\cdot \longrightarrow O_3 + e$$

$$H_2O + 2e \longrightarrow H\cdot + HO\cdot$$

$$H_2O + O\cdot + e \longrightarrow 2HO\cdot$$

$$H\cdot + O_2 \longrightarrow HO\cdot + O$$

$$C_{(a+b)}H_{(m+n)}O_{(x+y)} + 2e \longrightarrow C_aH_mO_x\cdot + C_bH_nO_y\cdot$$

过程三：分子碎片化

$$C_aH_mO_x + HO\cdot \longrightarrow CO_2 + H_2O$$

$$C_aH_mO_x + O\cdot \longrightarrow CO_2 + H_2O$$

$$C_aH_mO_x + O_2 \longrightarrow CO_2 + H_2O$$

$$C_aH_mO_x + O_3 \longrightarrow CO_2 + H_2O$$

经过等离子净化后，废气中尚含有部分小分子的物质，再经过 UV 光氧催化得到进一步的去除。

（3）UV 光氧催化工作原理

如图 5-4，UV 光氧催化技术利用高能 UV 紫外线光束分解空气中的氧分子产生游离氧，即活性氧，因游离氧所携带正负电子不平衡，所以需与氧分子结合，进而产生臭氧。利用臭氧极强的氧化性，对废气中的有机物进行氧化分解，使其降解为低分子化合物、水和二氧化碳，再通过排风管道排放。

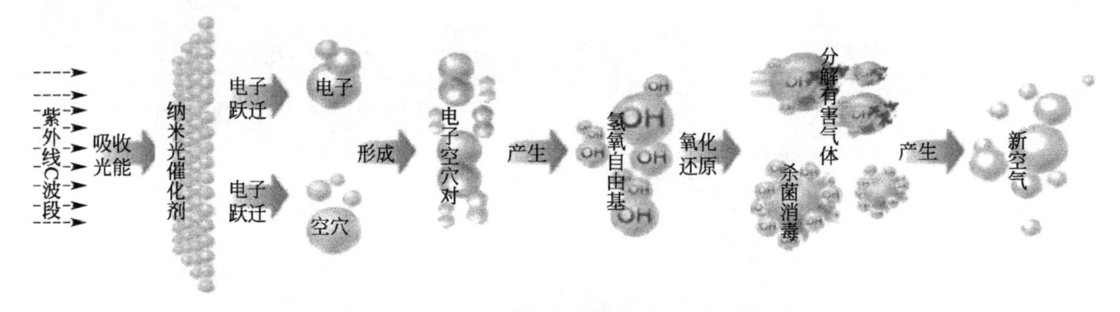

图 5-4 UV 光氧催化技术原理图

喷烤漆房作业时产生的有机废气通过“漆雾过滤器＋等离子反应器＋UV 光氧催化”处理后，处理效率在 90%以上，可满足当地排放标准要求（苯≤0.5mg/m^3，苯系物≤10mg/m^3，非甲烷总烃≤20mg/m^3）。

此外，企业调漆室未安装废气收集装置，调漆时挥发产生的有机废气通过无组织排放到车间和室外空气中，因此在喷烤漆房废气处理装置改造的同时，对调漆室也进行了改造，在洗枪工位、调漆工位和存储工位分别定制了 3 个抽风口，并在主管道加装活性炭过滤板，由防爆轴流风机将调漆室产生的废气抽至室外达标排放，减少了企业 VOCs 无组织排放量。

5.3.3 环境可行性分析

喷烤漆房废气治理设施改造完成后，可有效降低喷烤漆房排气筒排放的污染物浓度。检测报告显示，未更换废气处理装置前的非甲烷总烃浓度为 56.5mg/m^3，更换后，非甲烷总烃浓度降低至 4.51mg/m^3。

以该企业上一年度 VOCs 排放量作为参照，微波等离子体光氧催化处理设备按照 90%的去除效率计算，原有活性炭吸附装置与新装“VOCs 处理装置”的减排效果对比如表 5-4 所示。

表 5-4 减排效果对比表

装置项目	原装置	新装置
VOCs 产生总量/kg	7330.75	7330.75
减排量/kg	240	6597.67
处理后排放量/kg	7090.75	733.08
减排效率/%	3.27	90

喷烤漆房废气处理装置改造完成后，可有效降低 VOCs 排放量。上一年度企业共

产生 VOCs 量为 7330.75kg，排放的 VOCs 总量为 7090.75kg，更换后的微波等离子体催化设备按照 VOCs 90%的去除率计算，年排放量 733.08kg，与实施前相比，每年减少 VOCs 排放 7090.75kg－733.08kg＝6357.67kg，环境效益显著。

5.3.4 经济可行性分析

企业对现有的 4 台喷烤漆房全部实施改造，分别安装微波等离子体光氧催化系统。投资总额为 114.75 万元，包括 114 万元的喷烤漆房废气处理设备费，7500 元调漆室改造费用。每套喷烤漆房处理系统总功率为 5kW，按每天喷烤时间为 5h 计算，年运行用电量为 5kW×5h×360 天×4 套＝3.6×10^4kWh，电费按照平均电费 1 元/kWh 计算，年运行费用为 3.6 万元。

调漆室风机功率为 300W，按每天运行 8h，每年运行 360d 计算，年用电量为 864kWh，年运行电费为 0.086 万元。活性炭过滤板年使用活性炭 80kg，每年购买新活性炭及废活性炭处理费用约 1000 元。

改造完成后的现场照片如图 5-5、图 5-6 所示。

图 5-5 喷烤漆房废气治理设施现场照片

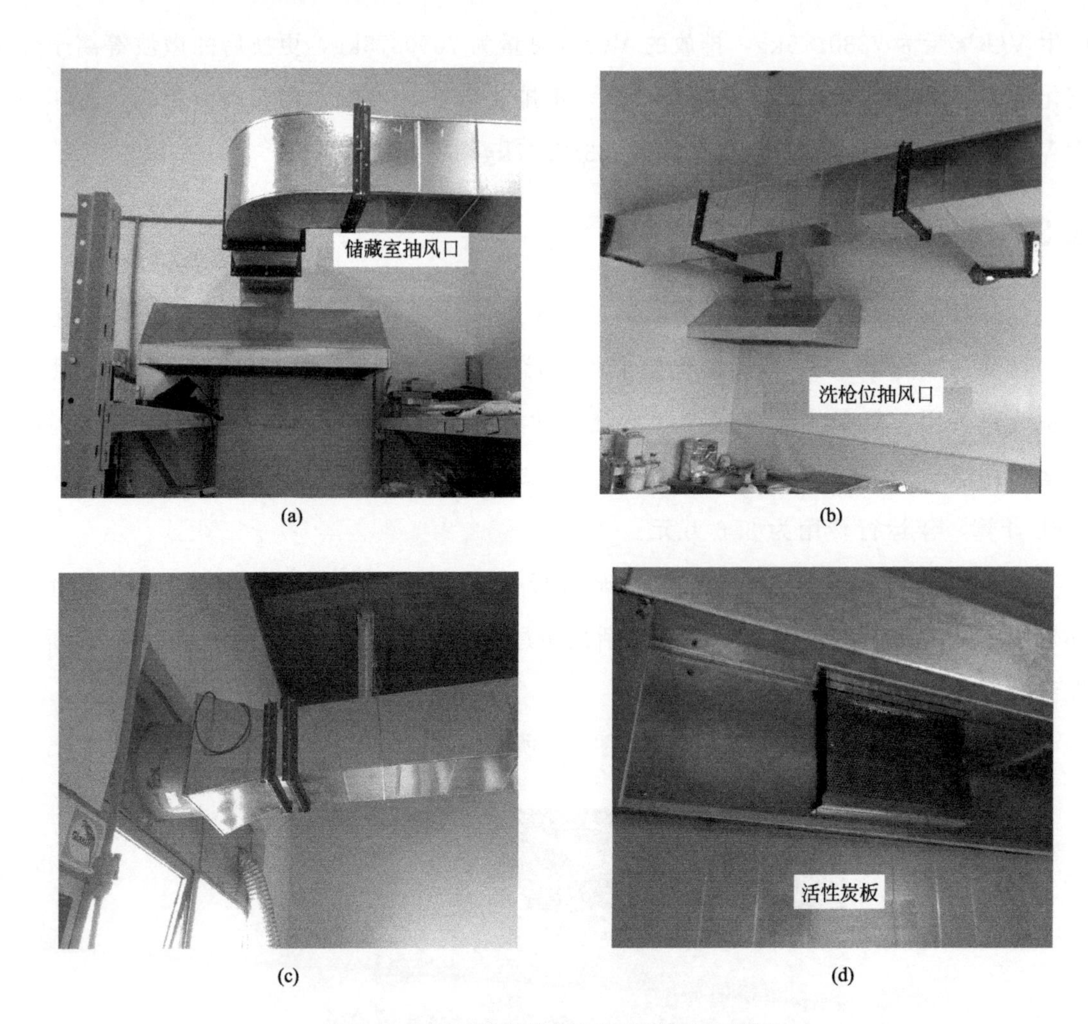

(a) (b) (c) (d)

图 5-6 调漆室废气收集和处理设施现场照片

5.4 喷烤漆房活性炭处理装置改造方案

5.4.1 方案简介

某汽车维修企业有 4 座喷烤漆房，年喷涂车辆在 6000 车次左右。经查看喷漆房风机参数，正常工况下每座喷漆房的送风量为 20000m^3/h，废气排放量为 18000m^3/h。目前，该企业喷烤漆房采用活性炭吸附工艺处理排放的有机废气，活性炭装炭量为 100kg，铺设厚度为 7～10cm，更换周期在 2 个月左右。

该地区规定，汽车维修企业喷烤漆房排气筒排放的非甲烷总烃浓度需低于 20mg/

m^3，且每 $10^4 m^3/h$ 设计风量的吸附剂（活性炭）使用量不低于 $1m^3$，更换周期不超过1个月。对照企业目前使用的活性炭数量及更换周期，已无法满足地方标准要求。

企业结合废气排放量、污染物排放浓度、经济实用及文件规范性要求等因素考虑，拟继续采用活性炭吸附法，将喷烤漆过程中产生的废气（主要污染物包括VOCs、颗粒物等）采用活性炭吸附的方法集中收集并处理，达标后排放。方案计划在每个喷烤漆房外安置一台"VOCs处理装置"，采用"粗过滤＋精过滤＋活性炭吸附"的组合工艺，将喷烤漆房排出的废气通过管道引到装置内进行处理。

另外，调漆室内及调漆台处未配备集风装置，产生的VOCs均为无组织排放，拟安装集风罩，并将集中的废气引入喷烤漆房内进入吸附系统。企业未配备喷枪清洗设备，喷枪清洗过程中会产生一定量的VOCs无组织排放，因此拟一同购置喷枪清洗设备一套。

5.4.2 技术可行性分析

5.4.2.1 VOCs处理装置

(1) 装置简介

根据废气污染因子、废气处理量的大小，选用相应的过滤材料和吸附材料，设计吸附时间，确定吸附面积。利用活性炭本身高强度的吸附力，结合风力作用将有机废气分子吸附，对苯、醇、酮、酯、汽油类等有机溶剂的废气具有很好的吸附作用。

VOCs处理装置广泛应用于家具、化工涂料、金属表面处理等喷涂、喷漆、烘干、吹塑等产生有机废气及异味的场所，采用优质活性炭作为吸附媒介，有机废气通过多层吸附层进行过滤吸附，从而达到净化目的。

(2) 装置特点

① 吸附效率高，吸附容量大，适用范围广；

② 构造紧凑，占地面积小，不会对车间工作造成任何影响；

③ 活性炭比表面积大、具有良好的选择性吸附功能，能同时处理多种混合废气；

④ 对连续或间歇排放的废气治理均适用；

⑤ 操作简易、安全，维护管理简单方便，运行成本低；

⑥ 针对不同生产工艺中所排放的废气特性，如排放废气温度，是否含有油雾、粉尘等相关参数，可在废气设备进口部分内置或增设冷却器、过滤器等预处理装置或功能段，可以很好地保护吸附段，确保吸附装置在高效状态下运行。

(3) 工作原理

工作过程：废气经过滤装置除去微小悬浮颗粒，进入吸附装置，经过装置内活性炭吸附，除去有害成分（甲苯、二甲苯等有机气体），处理达标后的净化气体，经风机排放。

活性炭是一种非常优良的吸附剂，它是利用木炭、各种果壳和优质煤等作为原料，通过物理和化学方法对原料进行破碎、过筛、催化剂活化、漂洗、烘干和筛选等一系列工序加工制造而成。活性炭具有物理吸附和化学吸附的双重特性，可以有选择地吸附气相、液相中的各种物质。活性炭吸附法就是利用活性炭作为物理吸附剂，把喷涂过程中产生的有害物质成分，在固相表面进行浓缩，从而使废气得到净化治理。这个吸附过程是在固相-气相间界面发生的物理过程。

(4) 装置工艺流程

装置的工艺流程如图 5-7 所示。

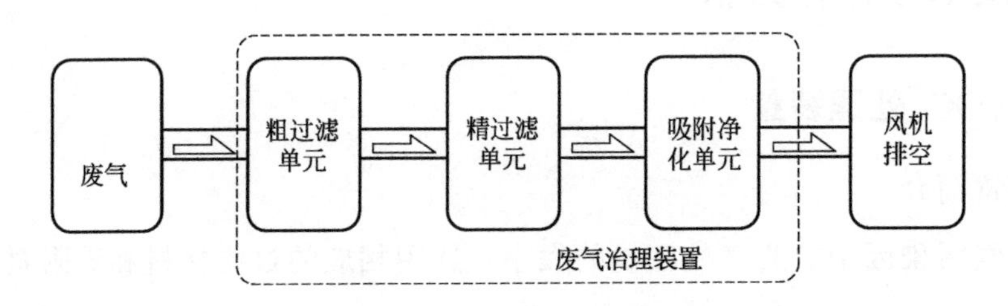

图 5-7 装置工艺流程图

装置由三个单元组成：

① 粗过滤单元：由纤维毡（折叠结构），过滤较大块状颗粒物。

② 精过滤单元：由折叠型精滤筒组成，过滤较细微颗粒物。

③ 吸附净化单元：由蜂窝活性炭组成，吸附 VOCs 气体分子。

(5) 设计参数

装置主要技术参数如下：

① 设计处理风量：8000～14000m^3/h。

② 设计处理非甲烷总烃浓度：80～300mg/m^3，处理后非甲烷总烃浓度＜20mg/m^3，苯＜0.5mg/m^3，苯系物＜10mg/m^3。

③ 设计净化效率：＞90％。

④ 蜂窝活性炭 BET 比表面积：＞750m^2/g，设计用量为 1.5m^3（约 750kg），设计更换周期 30d。

⑤ 废气经过活性炭的设计气体流速：0.80m/s。

⑥ 风机工作电压380V，功率7.5kW。

依据工程项目经验数据，废气经处理后，非甲烷总烃浓度可降至3.4mg/m³。

(6) 装置组成

粗过滤＋精过滤＋活性炭吸附组合装置的设备名称、数量及规格参数见表5-5。

表5-5 装置主要设备明细单

序号	名称	数量	规格	备注
1	粗过滤单元	1	—	过滤棉
2	精滤筒	8	φ330mm×1500mm	定制
3	负压表	3	—	－1kPa
4	吸附净化单元	16	0.8m×0.5m×0.2m	蜂窝活性炭,立方体炭框装填
5	治理装置外壳	1	2.1m×1.7m×2.2m	定制
6	风机软连接	1	—	定制
7	风机	1	380V,7.5kW	定制
8	风机控制器	1	—	定制
9	进气风管		—	定制
10	排空烟囱	1	离地15m	定制
11	装置支架	1	—	定制

(7) 废气治理实施方案

本方案从风道系统改造、VOCs处理装置安装、过程控制三方面进行。对4个喷烤漆房单独设计，每个喷烤漆房安装一台"VOCs处理装置"。

① 风道系统改造。改造排气管道，管道材质为2mm镀锌板，管道直径φ350～550mm，管道风速＜20m/min。管道从喷烤漆房废气排放口接入，连接至"VOCs处理装置"，管道必须具有良好的密闭性，以防废气漏出。

调漆室的排气管道与一号喷烤漆房的管道相连接，一同连接到"VOCs处理装置"。

② VOCs处理装置安装。在装置安放地安放设备支架，将装置吊装上去。连接进风管道、排空风机及排空烟囱。安装电气系统。

③ 过程控制——运行维护。

a. 纤维毡，设计使用周期约3个月（纤维毡两侧压力表差值大于200Pa时进行更换）。

b. 精滤筒，设计使用周期6年（精滤筒两侧压力表差值大于250Pa进行更换）。

c. 蜂窝活性炭，设计使用周期20～30d。每次更换应做好记录。

随着活性炭的吸附过程，装置阻力随之缓慢增加，当活性炭吸附饱和时，装置阻力达到最大值，此后装置的净化效率基本失去。为此，系统在装置进出风口处设置一套差压测量系统，对该装置进出口的废气压力差进行检测并显示，及时更换活性炭。根据地方标准，更换周期不超过 1 个月。

5.4.2.2 喷枪清洗设备

喷枪快速清洗机是一个气动的快速清洗喷枪的清洗系统。它优化了喷涂的程序，提高了效益。安装在喷房里，无需走出喷房即可快速清洗喷枪和更换颜色。

其主要特点有：

① 可装在喷烤漆房或准备间；

② 水性涂料和溶剂型涂料系统都适用；

③ 高度清洁能力，彻底清除涂料通道和喷嘴里的残余物质；

④ 收集使用过的清洗液体，避免了对喷漆房的污染，从而使过滤棉寿命增长，提高了效益、节省了成本；

⑤ 无需调节喷枪进气气压，无需断开气管，“喷涂”和“清洗”之间转换时可自动调节清洗压力，增加了喷涂工作的频率和喷烤漆房的使用率。

该设备操作流程如图 5-8 所示。

(1) 清洗喷枪、涂料通道和风帽

喷枪保持与空气管连接，“清洗”模式下，操作气压自动降至最低，同时清洁剂混合气泡从清洗喷嘴喷出，扣动扳机，把喷枪涂料进口放在清洗喷嘴下，冲洗涂料通道，同时利用毛刷清洗风帽及喷枪前端。

(2) 吹干喷枪

将残留的清洁剂彻底清除，确保每次都要将风帽里面和分流环周围彻底吹干。

(3) 更换颜色

约 25～30s 以内可以完成。喷枪快速清洗机顶部可以放置免洗枪壶，无需离开喷房就可更换颜色。

该设备主要优点包括：

① 快速可靠的喷枪清洗，即便是最苛刻的颜色更换，如黑/白，都可满足；

② 可以安装在喷房里（使用水性清洗液时）；

③ 适用于水性和溶剂型涂料系统（独立的）；

④ 高效清洗，甚至是难以到达的部位都可以清洗到；

⑤ 用容器收集用过的清洁液，避免对喷房的污染，从而延长了过滤垫的使用寿命；

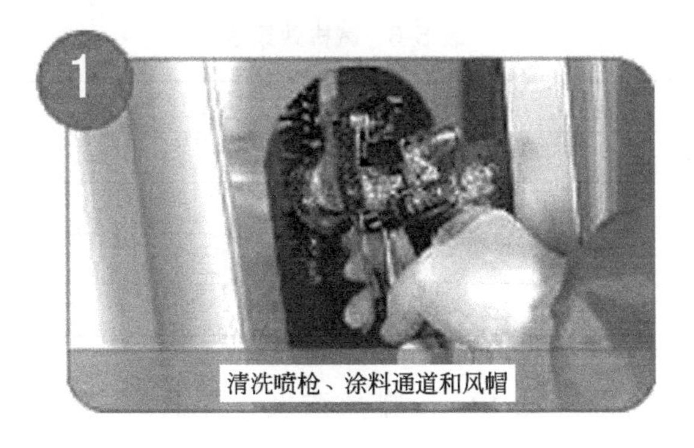

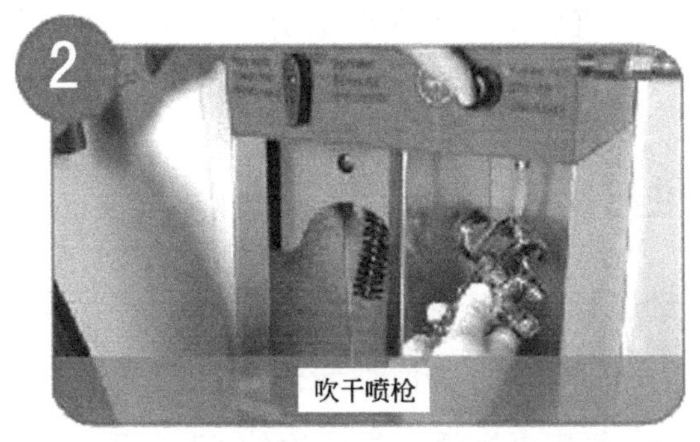

图 5-8　喷枪清洗设备操作流程图

⑥ 无需调节喷枪进气压力，也无需切断气源，在“喷涂”和“清洗”不同模式下会自动调节压力，有空间储放准备好的枪壶；

⑦ 增加喷涂频率和喷漆房的使用率。

5.4.2.3　调漆室及调漆台处安装集风罩

该项改造需在调漆室内及调漆台处分别安装一套集风罩，通过集风罩将调漆过程产生的 VOCs 进行收集，并分别在集风罩上方安装管道将收集的废气引入喷烤漆房的废气处理系统。

5.4.3　环境可行性分析

原有活性炭吸附装置与新装“VOCs 处理装置”的减排效果如表 5-6 所示。

表 5-6 减排效果表

项目	原装置	新装置
VOCs产生总量/kg	3210.2	3210.2
处理量/kg	480	2889.2
处理后排放量/kg	2730.2	321.02
处理效率/%	14.95	90

该方案实施后，可有效降低 VOCs 排放浓度，经监测，本装置处理后的 VOCs 浓度 3.4mg/m^3，低于标准限值要求。企业改造前 VOCs 产生量为 3210.2kg，排放量为 2730.2kg，方案实施后，每年可减少 VOCs 排放 2409.2kg。

5.4.4 经济可行性分析

该处理装置按排风量进行设计安装，每套 10000m^3 排风量的设备投资 16 万元，4 座喷烤漆房共 64 万元，另每个月需对活性炭进行定期更换，每次更换活性炭重量为 3000kg，一年需 36000kg，每年更换活性炭费用约 57.5 万元。更换 VOCs 处理设备共投资 121.5 万元；喷枪清洗设备购置需投资 4.95 万元；调漆室改造投资 1 万元。该项目共投资 127.45 万元。无直接经济效益。

5.5 喷烤漆房废气处理系统改造方案

5.5.1 方案简介

喷漆、烤漆工序会排放有机废气，废气中主要污染物为甲苯、二甲苯、非甲烷总烃等挥发性物质。某汽车维修企业年销售汽车为 1160 辆，年维修车次为 31044 台次，喷烤漆车间共有四条贯通式喷烤漆生产线，采用蒸汽加热，排风设计风量 30000m^3/h，喷烤漆生产线产生的有机废气经喷烤漆房的活性炭吸附系统处理后，通过 16m 高排气筒高空排放。喷烤漆生产线及排气筒如图 5-9 所示。

经统计，该企业喷漆车间消耗漆料 42385kg，共产生挥发性有机物 19434kg，全年活性炭的用量为 5000kg，活性炭使用量无法满足当地环保要求，废气存在超标排放的风险，企业决定对喷烤漆房废气处理系统进行改造。

(a) 贯通式喷烤漆生产线

(b) 密闭操作间内部通排风系统

(c) 喷烤漆房排风系统

(d) 喷烤漆车间排气筒

图 5-9　喷烤漆生产线及排气筒照片

5.5.2　技术可行性分析

该企业采用“转轮吸附浓缩系统＋脱附燃烧”技术，在现有钣喷生产线的基础上进行，不对生产线主体结构和生产线运行模式进行改变，改造结合车间具体情况，综合考虑涂装尾气污染的治理工艺，最终实现达标排放。废气处理工艺流程如图 5-10 所示。

废气经过收集系统收集后，先经过过滤器去除废气中的漆雾颗粒，然后在排烟风机的作用下进入到转轮中进行吸附处理，吸附掉 VOCs 分子的废气达标后直接排放到大气中去。当转轮中吸附介质即将饱和时，燃烧炉启动开始预热，达到预定温度后，高温气体在脱附风机作用下进入到燃烧炉中燃烧处理，处理达标后排放到大气中去。其中 CTO（催化燃烧炉）中设有换热装置，可以收集 VOCs 分子燃烧产生的热量用于预热后面进入燃烧炉的废气，同时 CTO 燃烧后排出的气体仍有一定的温度，可以用一部分作为转轮的脱附载体，实现热量的循环利用，减少处理系统的能耗。

设备的组成与布置：企业有 4 组生产线，每组生产线包含 2 间喷漆房和 2 间烤漆

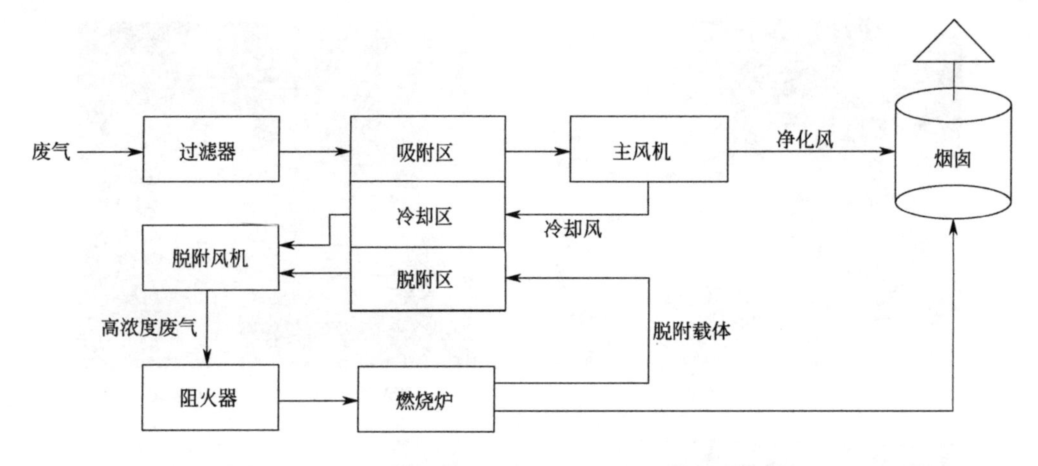

图 5-10 喷烤漆房废气处理工艺流程示意图

房，每个喷漆房单独设置一套转轮浓缩系统，2 间烤漆房分别通入同组喷漆房转轮进行处理，并排两组生产线共用一套催化燃烧系统，设备组成见表 5-7。

表 5-7 废气处理系统组成

序号	名称	数量	包含设备	备注
1	预处理系统	8 套	过滤器(漆房自带)	玻璃丝绵及中效过滤棉
2	吸附浓缩系统	8 套	卧式转轮、主风机	处理风量 $2.7\times10^4m^3/h$
3	燃烧系统	2 套	脱附风机、燃烧炉	处理风量 $2000m^3/h$

(1) 废气前处理系统

采用平铺式中效过滤棉，过滤棉采用高性能静电滤料制成。

(2) 引风系统

引风系统为整个废气处理系统气体流动提供动力，风机采用变频控制，可根据净化系统工作状况，自动调整排风量。

(3) 废气净化系统

① 吸附脱附处理单元

该单元是处理系统主体，通过转轮吸附浓缩的方式净化废气，利用分子筛吸附废气中的 VOCs 分子，使废气达到排放标准。

② 燃烧工艺

分子筛吸附饱和后，需要脱附再生，脱附后的高浓度气体通过燃烧处理，达到排放标准。

废气净化系统主要参数见表 5-8。

表 5-8 废气净化系统主要参数

序号	项目名称	参数指标
1	设备尺寸	3130mm×2960mm×2000mm
2	沸石装填量	1m^3
3	吸附风量	10000～20000m^3/h
4	脱附风量	1000 m^3/h
5	VOCs 去除率	＞90%
6	设备风阻	＜1000Pa
7	装机功率	2kW
8	热风方式	电加热
9	热风温度	150～200℃

(4) 催化燃烧脱附系统

每条生产线配置一台燃烧脱附系统，共 4 条脱附系统。

① 催化燃烧脱附系统（CTO 催化燃烧装置），一般只在预热时消耗电能（约 0.5h），功率为 35kW，当 VOCs 气体浓度＞2000mg/m^3 时，净化装置中的加热室不需进行辅助加热。

② 在催化作用下，280℃左右即可使 VOCs 分子充分得到氧化，在运行过程中不会产生其他有害物质及粉尘等新的污染物。

③ 净化率达到 90%以上。

(5) 控制系统

VOCs 净化系统与喷漆房控制联动，当喷漆房工作时，设备自动运行；脱附系统为独立智能控制系统，设定时间，系统自动定时工作。控制系统可实现数据存储、查询、下载、自动生成表格等功能。存储数据包括：检测时间、排放浓度、脱附次数。可实现自动控制、自动监控、自动检测、自我诊断及自动报警，系统带有微电脑控制，通过参数设定，系统按一定的时间顺序和逻辑顺序运行。系统对废气排放情况和参数以及设备运行参数均有监控设计，实时动态跟踪设备运行情况，系统带有在线监测仪器，可检测废气的温湿度和浓度，以及风压等参数，可根据实时数据分析设备运行状态，自动报警。风机采用变频控制，可根据风量自由调节。自动检测系统可科学给出脱附频次，降低 CTO 启动频率，有效降低燃烧炉余热能耗和运行能耗，脱附能量来自于燃烧余热，无需另行提供能源。改造后的废气处理系统见图 5-11，主要设备参数见表 5-9。

(a)

(b)

图 5-11　改造后喷烤漆房废气处理系统现场图

表 5-9　废气处理系统主要设备参数

序号	名称	规格	数量	单机功率	备注
1	转轮	2900mm×2900mm×1650mm	8	0.4kW	
2	燃烧炉	2800mm×1600mm×1400mm	2	35kW	
3	主风机	—	8	30kW	风压:2628Pa 风量:29106m^3/h
4	脱附风机	—	2	7.5kW	风压:5740Pa 风量:2254m^3/h
5	烤房送风机	—	8	1.5kW	风压:99Pa 风量:1131m^3/h
6	装机总功率	340kW			

5.5.3　环境可行性分析

通过对喷烤漆房废气系统改造，提高吸附能力，每年可大幅减少挥发性有机物的排放。按照该企业全年漆料消耗量和各漆料成分平均占比计算，年 VOCs 产生量为 19434kg，喷烤漆房废气处理系统改造完成后，按照去除率 90%计算，每年可减少挥发性有机物排放 17490.6kg。

5.5.4　经济可行性分析

本项目改造总投资 406.52 万元，包括设备购买费用和安装、调试费，该方案无直接经济效益。

5.6 洗车废水循环利用改造方案

5.6.1 方案简介

某汽车维修企业年销售新车 2567 辆，年维修车辆 21209 车次。据统计，企业全年清洗汽车数量在 33500 车次左右，年消耗洗车用水 680t。目前，该企业洗车房洗车水使用后直接排放，一方面浪费水资源，另一方面洗车废水中含有的油污、表面活性剂等污染物会对环境造成影响。因此，企业决定安装一套洗车水循环利用设备，将洗车废水进行集中处理后回用于汽车清洗，减少废水排放的同时，减少企业新鲜水消耗量。

5.6.2 技术可行性分析

汽车清洗废水常见的处理方法有生化法、膜过滤方法和吸附过滤法等。生化法从工艺上是可行的，但是通常洗车废水中的营养成分不足，难以满足生化要求，汽车维修企业通常不单独采用生化法处理洗车废水，膜过滤法对进水水质要求较高，对水的压力要求也高，在膜过滤中，对 LAS 等表面活性剂起过滤作用的除了反渗透膜和纳滤膜外，其他膜是无法去除 LAS 成分的，而反渗透膜和纳滤膜对水压的要求及维护成本都相对较高，将其用于洗车废水的处理从经济上讲是不现实的，对于低级水质处理一般采用超滤膜，但是超滤膜无法过滤溶解于水中的大多数污染物。

结合实际情况，企业决定采用石英砂多层过滤以及活性炭吸附的方式处理洗车废水。

洗车废水首先在初沉（隔油）池里停留一段时间，使大量的泥沙及一些较大颗粒的 SS（悬浮颗粒物）充分沉淀到池底，然后进入废水暂存池，同时去除掉大部分的石油类物质。再利用滤水水泵抽入石英砂过滤桶进行多重过滤，过滤掉污水中剩余的泥沙及小颗粒的悬浮物，之后进入活性炭吸附装置进行吸附，吸附掉水中的表面活性剂及石油类等有机物，同时活性炭还具有除色除味的作用，使出水水质得到进一步的提升。

石英砂多层过滤以及活性炭吸附方式主要工艺流程如图 5-12 所示，设施布置如图 5-13 所示。

该技术运用过滤、吸附等物理化学原理将水中污染物去除，出水效果良好，并具有

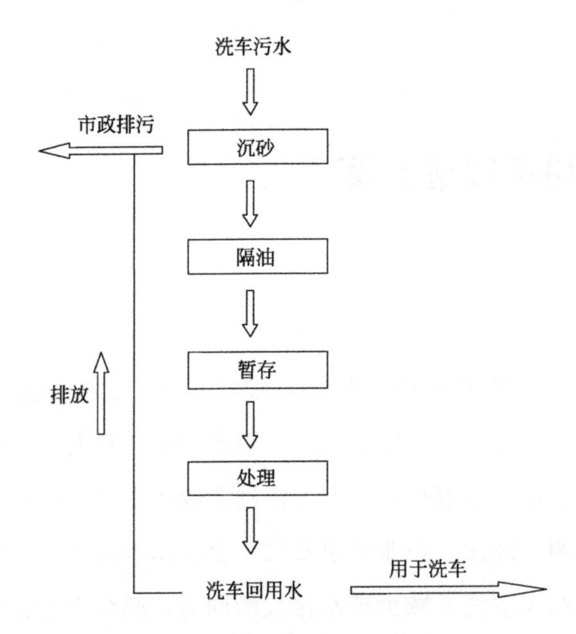

图 5-12　洗车废水循环利用工艺流程图

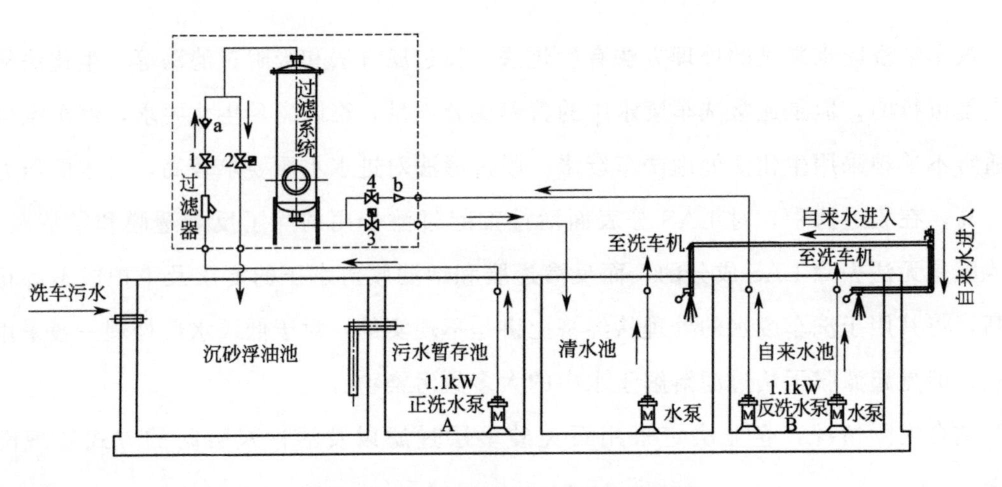

图 5-13　洗车废水循环利用设施布置图

1，2，3，4—阀门；a，b—止回阀

设备安装简便、占地面积小、使用经济等优点。同时设有一套反冲洗设备可以使滤料反复使用，延长滤料的使用寿命。

① 出水水质好：采用物理处理工艺技术，净化过程中不添加任何药剂，避免了二次污染，清洗车辆不会对车身漆面产生任何不良影响。

② 节水率高：节水率可达到85%以上，大幅度减少洗车用水量。

③ 水池小：有效容积为2m³，水池建造费用低。

④ 占地面积小，安装便捷，搬移方便。

⑤ 无耗材，不添加药剂，设备运行成本很低，仅是电费。

该技术需要的主要设施设备如表 5-10 所示。

表 5-10 洗车废水循环利用技术主要设施设备表

序号	名称	单位	数量
1	循环水处理池	座	4
2	循环水泵	台	1
3	反冲洗水泵	台	1
4	过滤系统	套	1

5.6.3 环境可行性分析

方案实施后，将减少洗车新鲜水的消耗量，按照该企业每天洗车用水为 $2m^3/d$，年工作 340d，节水率 85%计算，则每年可节约新鲜水消耗 2×340×85%=578（m^3）。

5.6.4 经济可行性分析

本方案投资为 35.7 万元，按照该地区洗车业用水单价 160 元/t 计算，年可节约水费 9.28 万元。

5.7 废水处理系统改造及中水回用方案

5.7.1 方案简介

某汽车维修企业排放的废水主要来自车辆维修各工序排水、车辆清洗废水和生活污水这三个主要环节，其中对发动机和零部件进行清洗时会产生高浓度的含油废水，此部分废水企业没有进行单独预处理，直接排放到废水处理系统中，造成企业排放的废水中 COD_{Cr} 和石油类含量较高，严重影响了出水水质。对企业排放的废水进行为期三个月的监测，监测结果汇总如表 5-11 所示。

表 5-11 废水污染物监测结果

污染物	pH	COD_{Cr}/(mg/L)	SS/(mg/L)	石油类/(mg/L)
原水	14	1469～6700	1100～1600	740～1500
处理后	8.6	850	380	110

车辆发动机和零部件在清洗过程中会产生大量的碱性含油废液，废液中主要含有悬浮物、石油类、COD_{Cr}、洗涤剂等物质，这也是造成企业排放的废水中污染物浓度较高的主要原因。因此，企业计划对原有废水处理系统进行改造，对车间维修时排放的含油废水单独进行处理后，再与其他污水混合处理，提高处理效果。

此外，车辆清洁时消耗了大量的洗车用水，目前洗车废水直接排放，清洗水没有充分循环回用，浪费水资源，企业计划在对废水站进行改造的同时，增加中水回用系统，中水回用于洗车和车间地面清洗等环节，降低企业新鲜水消耗量。

5.7.2 技术可行性分析

企业原有废水处理工艺流程如图 5-14 所示。

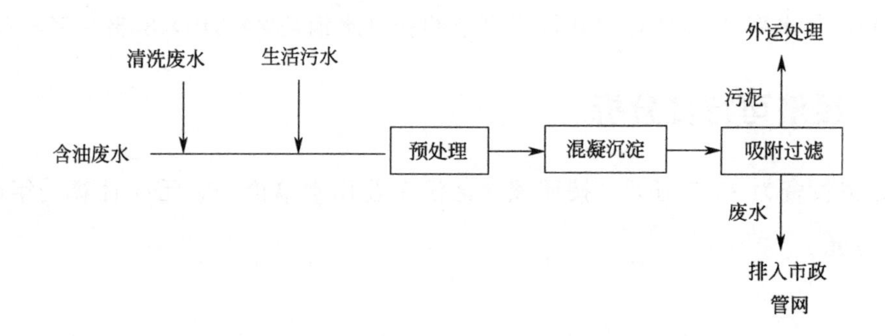

图 5-14 原有废水处理工艺流程图

企业原有废水处理方法主要是化学-气浮-过滤-活性炭吸附法，较为简单且污染物去除效率低，废水也没有进行回用，浪费水资源。改造后，对含油废水进行单独的预处理后，再与其他污水进行混合处理。

(1) 含油废水处理

高浓度含油废水单独处理后，再与其他污水进行混合处理，含油废水处理工艺为：含油废水→预处理→混凝沉淀→吸附过滤→与其他污水混合处理后回用或排放。含油废水采用氯化钙破乳，加 PAC/PAM 絮凝沉淀，废水经破乳、絮凝沉淀、过滤后回用，排放时再经过活性炭吸附处理。

(2) 综合废水处理和回用

洗车废水、生活污水和其他废水经处理后循环使用，其处理工艺为：综合废水→预处理→生物处理→沉淀→吸附过滤→消毒→回用。使用传统洗车设备和方式清洗一辆汽车用水在 40～50L 左右，采用再生水循环洗车后完全使用再生水洗车，每辆车的新鲜水用量可降为 0～4L 左右。

改造后，废水主要处理工艺流程如图 5-15 所示。

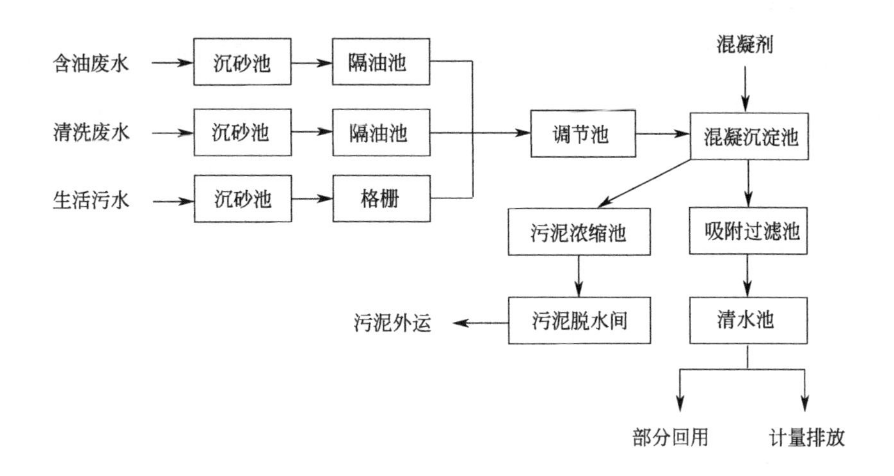

图 5-15 改造后废水处理工艺流程图

车间排放的废水经集水沟流入隔油池后共同进入位于车间门口的调节池，使水质水量得到均匀调节，调节池中废水用潜污泵泵送至混凝沉淀池的混凝反应区，并在混凝反应区加入混凝剂及调节 pH 所需要的碱液，辅以机械搅拌，然后废水进入混凝沉淀池的斜管沉淀区，斜管沉淀池的出水溢流进入吸附过滤池，过滤池的出水再泵入清水池，部分回用后，剩余废水排入市政管网。混凝沉淀池的池底污泥由污泥泵抽入污泥浓缩池，待污泥进一步浓缩后，由污泥泵和空压机再抽入板框压滤机强化脱水，半干固体废渣再外运处理。

系统各单元功能说明如下：

(1) 沉砂池

使用过的汽车零部件中粘有大量泥沙、尘土，原废水中泥沙等固体杂质经沉砂池后基本得到去除，大大降低了后道处理工序的负荷。

(2) 隔油池

汽车清洗废水、设备及零部件清洗废水、发动机修配测试废水中含有大量的石油类物质，应先对其进行预处理，废水经隔油池后石油类物质去除率达到 80%以上。这样的处理方式可以减少混凝沉淀时的加药量，节约成本，同时也稳定了水质。

(3) 调节池

受业务量的影响，企业废水的水量波动很大，为了使整个物化处理过程连续稳定地运行，必须设置调节池。废水在调节池的有效停留时间为 4h，调节池设有潜污泵。

（4）混凝沉淀池

采用斜管沉淀池设计，包括反应区和沉淀区。加药区中配有搅拌机，加药机自动加药后，用搅拌机调均，自动进入反应区进行化学反应，之后进入沉淀区进行沉淀。废水经混凝反应和斜管沉淀以后，绝大部分悬浮物质得到沉淀去除，相应的油脂、SS 和 COD_{Cr} 等物质的含量也会大大降低。

（5）吸附过滤池

斜管沉淀池的出水溢流进入吸附过滤池，池内放置石英砂和活性炭，吸附其中微细的颗粒物及部分溶解性污染物，尤其是车间排放的废液中石油含量较高，混凝处理后再经过吸附过程，可以保证石油类指标的达标排放。

（6）控制系统

整个系统为统一电箱全自动控制。废水利用高度差自动流入调节池，当调节池液位到达设定水位时，潜污泵工作，废水抽往加药区，同时定量加药机定量向废水加药，搅拌机检测到加药时自动搅拌，pH 值调节由 pH 控制仪控制所加药量的多少，这样保证加药的稳定，最终确保水质的稳定。

废水处理及回用系统的主要构筑物设计参数见表 5-12。

表 5-12 主要构筑物的设计参数

序号	构筑物	数量/座	项目	参数
1	沉砂池	4	停留时间/h	1.8
2	隔油池	3	停留时间/h	2
3	调节池	1	有效容积/m^3	144
			停留时间/h	4
			有效水深/m	3
4	混凝沉淀池	1	反应区有效容积/m^3	13.8
			反应区停留时间/h	0.4
			反应区有效水深/m	3
			沉淀区有效容积/m^3	120
			沉淀区表面负荷/[m^3/(m^2·h)]	1.28
			沉淀区停留时间/h	3
5	吸附过滤池	1	有效容积/m^3	12
			停留时间/h	0.4
6	操作室及污泥处理间	1	有效容积/m^3	16

改造后，该企业废水污染物排放浓度如表 5-13 所示。与改造前相比，可有效减少废水中各项污染物的浓度，保证废水达标排放。

表 5-13　改造后废水污染物监测结果

污染物	pH	COD_{Cr}/(mg/L)	SS/(mg/L)	石油类/(mg/L)
原水	14	1469～6700	1100～1600	740～1500
处理后	6.8～7.1	210～290	5～19	0.5～6.6

5.7.3　环境可行性分析

企业年废水产生量在 6000t 左右，根据改造前后废水 COD_{Cr} 的变化情况，改造前废水 COD_{Cr} 为 850mg/L，改造后降低至 250mg/L 左右，则每年可减少 COD_{Cr} 排放 3.6t，有效降低水污染物排放量。

按照每天洗车 100 台次计算，每年可洗车 36500 台次，原有洗车方式每次洗车约耗费新鲜水 40L，年消耗使用新鲜水 1460m^3，采用中水后可大幅减少新鲜水用量，年新鲜水用量仅为 18～36m^3，年可节约用水 1400 余吨。

5.7.4　经济可行性分析

该方案共计投资约 72 万元，包括 30 万元的土建费用和 42 万元的设备购置费，污水处理系统总装机容量为 16kW，正常运行容量为 8kW，电费以 0.8 元/kWh 计，运行费约为 0.75 元/m^3 污水，按照新鲜水 5 元/m^3，年节约 1400t 水计，则每年可节约水费 7000 元。

5.8 危险废物贮存仓库标准化建设方案

5.8.1　方案简介

某汽车维修企业原有 2 个危险废物贮存仓库，使用时间已有 6 年，其密闭性和使用安全性已不足以满足相关标准和环保部门的要求，通过现场查看，发现接油盘已经磨损严重，废旧机油渗漏到地面，随着雨水流淌到雨水管网。危险废物存储间改造后可以减少危险废物的渗漏，便于集中管理。

5.8.2 技术可行性分析

根据《国家危险废物名录》，汽车维修业产生的危险废物包括：HW06 废有机溶剂与含有机溶剂废物，如清洗零部件时产生的废弃溶剂、保养更换下来的废防冻液等；HW08 废矿物油与含矿物油废物，如维修保养过程中产生的废弃机油、柴油、刹车油、润滑油等；HW12 染料涂料废物，如废油漆及漆渣、沾染油漆的废遮蔽纸、过滤棉等；HW49 其他废物，如废铅蓄电池、废油漆桶、废喷漆罐等；HW50 废催化剂，主要是废汽车尾气净化催化剂。汽车维修企业应将以上各类废物分区贮存，不同分区应设置矮围墙或在地面画线并预留明显间隔，然后送至具有危险废物经营许可证的单位进行处置。

此外，根据《危险废物贮存污染控制标准》（GB 18597—2001）的要求，危险废物仓库地面应做好防渗处理，如地面采用 10～15cm 的水泥进行硬化，再用厚 2mm 以上环氧树脂漆做防渗处理，或者地面铺设 2mm 厚的高密度聚乙烯后再铺厚瓷砖等方式；存放液体危险废物的区域必须有泄漏液体收集装置，如围堰、导流槽和收集池；对于废机油，汽车维修企业一般存放在 208L 的废机油桶中，同时在油桶下方铺设不锈钢的接油盘或隔油槽，保证废机油在装卸过程中不直接遗洒在地面上的同时，易于进行更换处理。

对于危险废物仓库，必须设置危险废物识别标志，包括仓库门上张贴包含所有危险废物的标志、标签，仓库内对应墙上的标志标识，危险废物包装桶、包装袋上的标签，以及暂存在车间的危险废物收集桶上的标签，几种场所危险废物标志标签要求如下所示。

（1）危险废物仓库标志标牌

<table>
<tr>
<td></td>
<td>说明
1. 危险废物警告标志规格颜色
形状：等边三角形，边长 40cm
颜色：背景为黄色，图形为黑色
2. 警告标志外檐 2.5cm
3. 使用于：危险废物贮存设施为房屋的；建有围墙或防护栅栏，且高度高于 100cm 时；部分危险废物利用、处置场所</td>
</tr>
</table>

（2）适合于室内外悬挂的危险废物标签

<table>
<tr>
<td>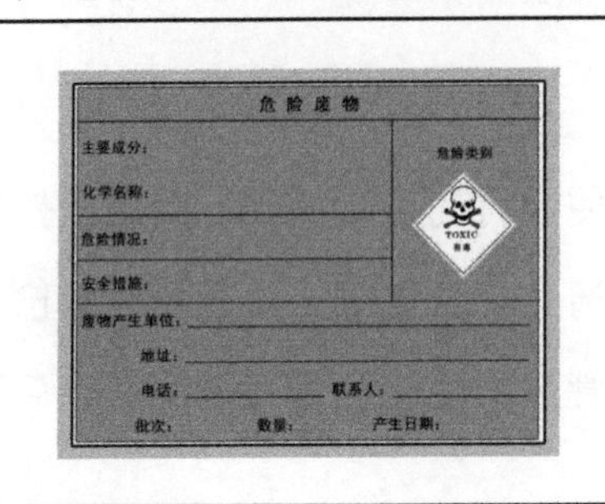
</td>
<td>说明
1. 危险废物标签尺寸颜色
尺寸：40cm×40cm
底色：醒目的橘黄色
字体：黑体字
字体颜色：黑色
2. 危险类别：按危险废物种类选择
3. 使用于：危险废物贮存设施为房屋的；或建有围墙或防护栅栏，且高度高于 100cm 时</td>
</tr>
</table>

(3) 粘贴于危险废物存储容器上的危险废物标签

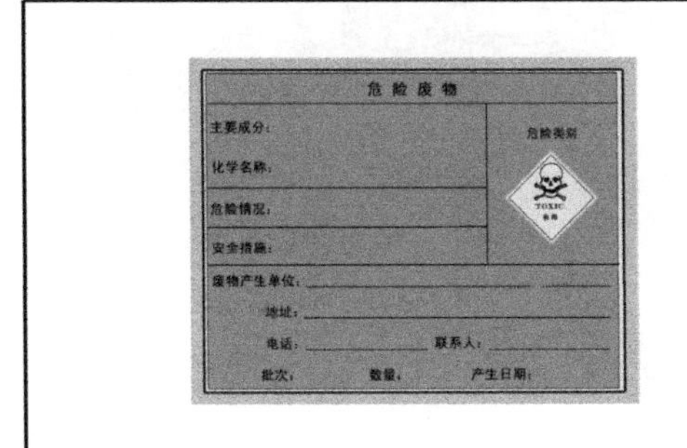	说明 1. 危险废物标签尺寸颜色 尺寸:20cm×20cm 底色:醒目的橘黄色 字体:黑体字 字体颜色:黑色 2. 危险类别:按危险废物种类选择 3. 材料为不干胶印刷品

(4) 系挂于袋装危险废物包装物上的危险废物标签

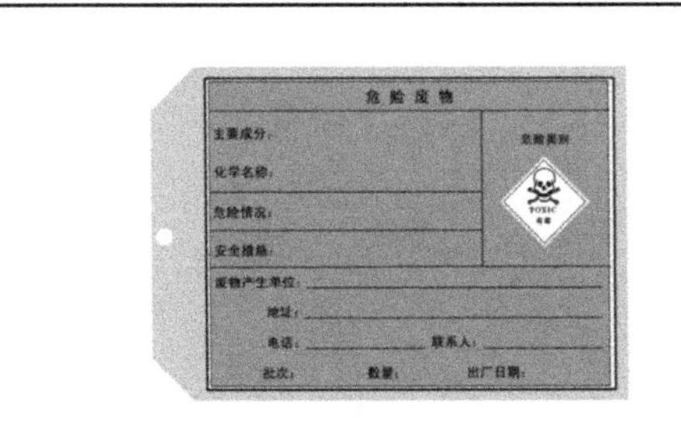	说明 1. 危险废物标签尺寸颜色 尺寸:10cm×10cm 底色:醒目的橘黄色 字体:黑体字 字体颜色:黑色 2. 危险类别:按危险废物种类选择 3. 材料为印刷品

汽车维修企业应根据以上要求对其危险废物仓库进行改造，以保证危险废物贮存场所满足法律法规和各项标准的规定。

5.8.3 环境可行性分析

危险废物仓库主要用于储存日常产生的废机油、废有机溶剂等危险废物，便于集中对其进行管理，方案实施后可保证危险废物的储存安全性良好，减少危险废物在贮存时对周边环境的影响，降低企业的环境风险。对该企业来说，危险废物仓库改造完成后，一方面规范了所有危险废物的存放容器，将废活性炭和过滤棉等存放在不透气的包装袋中，减少了在废物存放过程中有害气体的无组织排放，另一方面，危险废物仓库地面采取防渗漏措施，能有效防止废机油等的渗漏情况，防止环境污染。

5.8.4 经济可行性分析

本方案的投资根据危险废物仓库大小及改造情况而定，一般在几万元到十几万元之间，主要是土建施工费用和人工费用，方案实施后无直接经济效益。本方案部分改造后的现场照片如图 5-16 所示。

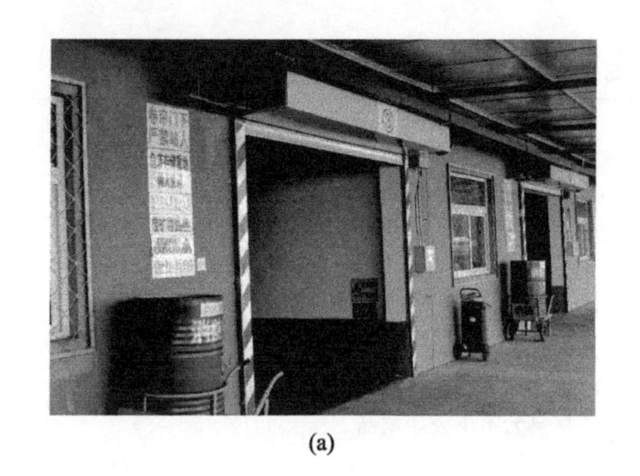
(a)

(b)

图 5-16　危险废物仓库现场图

5.9 无尘干磨替代手工打磨方案

5.9.1　方案简介

汽车在运行中，始终受到自然环境如日晒、雨淋、酸雨等侵蚀，以及在行驶中受到意外的碰撞事故，使漆面出现氧化、起泡、龟裂、脱落、锈蚀等，同时在烤补、气焊等修理过程中引起部分损坏，因此，必须将旧漆膜清除掉并进行补土、打磨，为汽车的修补涂装做好准备。打磨在整个涂装工艺中起着重要的作用，它是表面预处理中重要的一环。

传统的打磨方式是采用手工打磨，随着工艺的改进又可分为手工水磨和手工干磨，手工打磨在线型、曲面等不规则部位的整修和最后的精磨工序方面有着一定的优势，但是手工打磨工作效率低、劳动强度大，产生的污水还会造成一定的环境污染，而且容易产生橘皮、气泡、沙痕、锈渍等质量缺陷。随着打磨设备的不断进步，目前无尘干磨设备已在汽车维修行业得到广泛的推广使用。某汽车维修企业通过更换无尘干磨设备替代原有的水磨工艺，打磨车间环境得到明显改善，且打磨过程中无废水产生，取得了良好的效益。

5.9.2　技术可行性分析

车身打磨通常包括以下几个步骤：

① 除漆研磨；

② 修磨羽状边；

③ 上钣金补土及补土研磨；

④ 上细补土及补土研磨；

⑤ 上底漆及底漆研磨；

⑥ 中途二道底漆研磨；

⑦ 上面漆；

⑧ 面漆抛光处理。

综合上述 8 个步骤，若前 6 个步骤是以人工用水和水砂纸为主进行打磨，那么就是传统的“手工水磨”，这种方法的工作效率低且人工劳动强度非常大，手工干磨和手工水磨的不同之处在于它在前 3 个步骤使用了简单的干磨工艺，即用干磨砂纸黏附在手工磨块上打磨，这种方法在粗磨阶段使用，适当降低了工人的劳动强度，同时加快了打磨速度，但在后 3 个步骤又恢复到手工水磨，所以工作效率还是不能快速提高。无论是传统的手工水磨还是部分手工干磨，其研磨质量在很大程度上取决于工人的操作经验，因此也就决定了质量的不稳定性，且还存在着其他一些隐患，例如：

① 原子灰填充能力强，但渗水能力也很强，水磨挥发时间无法控制，质量不易控制，经常出现质量问题；

② 喷涂车间内污水较多，既影响喷漆质量，又不安全，还污染环境；

③ 新的双组分原子灰和中涂底漆越来越硬，非常难磨，费工费事，漆工工作强度高；

④ 客户投诉新喷的漆面上起泡、裂痕、甚至剥落；

⑤ 需要喷涂的车排队等候，由于喷涂装备时间长，而无法进一步提高产量与效益；

⑥ 漆工一年四季，每天都要与污水接触，对漆工的皮肤和身体健康造成危害。

采用无尘干磨技术，将有效解决上述各项问题。无尘干磨是指使用气动工具或电动工具，不用水的打磨方法，打磨所产生的粉尘将由同步一体化的吸尘系统“吞食”掉。先进的自动干磨工艺和传统的手工水磨工艺相比，主要有以下三大优势。

(1) 省时省力

采用水磨的修理厂工位的产出率远低于采用干磨的修理厂。因为人工水磨的切削力远逊于机器干磨，所以用水磨的油漆师傅打磨同样的工件必须花干磨的油漆师傅三倍的时间，而且水磨的油漆师傅必须等每道水磨工序的工作区域干透，才能进行下一道工序，这样无论是工序所费时间还是工序间的等待时间，干磨比水磨都大大缩短了，采用自动干磨的油漆师傅能在同一个工位完成更多的打磨任务。

(2) 环保

干磨工艺的环保是显而易见的，水磨工艺不但会产生大量的污水，而且水磨油漆师傅的手终年泡于脏水中会造成对手的损害，特别是在我国的北方地区，在冬天水磨油漆师傅的工作就变得更为辛苦。而与之相对比的干磨工艺不需要用水，并采用了无尘技术，特别是再配以主动集尘式干磨系统。一个干净环保的喷漆车间是完全可以实现的。随着我国的劳动法规和环保法规的日趋完善，加之工人的自我保护意识的加强，环保已成为我们不可回避的问题。

(3) 漆面处理效果好

干磨工艺最大的好处就是漆面处理效果好，大大减少返工，这是最为重要的一点。干磨工艺由于是机器打磨，所以工件表面非常平整，而且由于整个过程工件表面没有水，所以避免了水磨常见的橘皮、气泡、砂痕等导致返工的问题。

无尘干磨有单机式和集中式两种处理方式，汽车维修企业可根据维修车间、维修工位和维修数量综合确定所采用的吸尘方式，集中式无尘干磨系统工作示意图如图 5-17 所示。

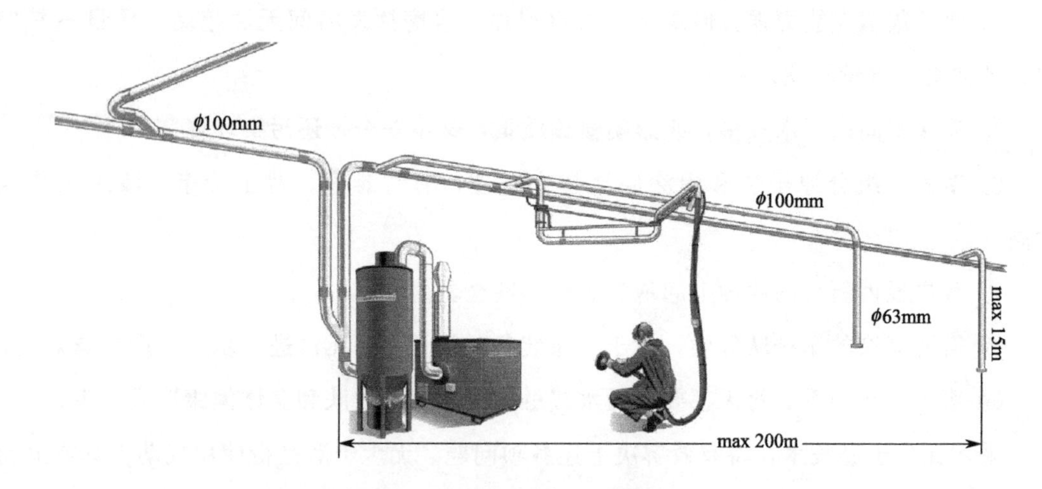

图 5-17 集中式无尘干磨系统

在主机负压的作用下，打磨下来的粉尘通过砂纸上的小孔进入到吸尘软管，然后经主管路输送到过滤器内，含尘空气经过滤器过滤后通过风机排到室内或室外。集中式无尘干磨系统更适合大型集中式的汽车维修企业和生产型工厂，对于一般的汽车维修企业，通常采用单机式的无尘干磨系统，移动灵活、方便，设备无需连续运转，该企业现场使用情况如图 5-18 所示。

图 5-18　单机式无尘干磨系统

汽车维修企业采用无尘干磨和手工水磨的对比情况如表 5-14 所示。

表 5-14　无尘干磨和手工水磨对比表

序号	项目	手工水磨	无尘干磨
1	打磨速度	慢	较手工打磨快 2～4 倍
2	表面光滑度	不确定,人为因素大	好,质量可靠
3	对漆工的技术要求	高	一般
4	砂纸消耗	消耗多	消耗少
5	粉尘	较多	微量
6	污水	有	无
7	打磨后的干燥时间	需要	不需要
8	设备	排水系统	集尘系统
9	工序	多	简单
10	劳动强度	很大	小

对于汽车维修企业，无尘干磨可应用于打磨原子灰、粗磨、精磨、抛光等环节，具体应用范围如表 5-15 所示。

表 5-15 无尘干磨应用范围

序号	应用范围	应用范例
1	车厢、车架的改装、打磨与喷涂准备	清除焊缝、倒毛刺，清除金属锈
2	打磨原子灰、粗磨、精磨、平面、曲面、喷涂准备	打磨车厢客体，去除旧漆，大面积的平面打磨预磨、终磨，原子灰终磨，车身的塑料部位打磨
3	抛光、保养与整容	清除车身的灰尘、积污，去除漆面上的轻微划痕，消除新漆后的斑点，新、旧漆之间的差异，打蜡、抛光，漆面保养，汽车的美容与高抛光

5.9.3 环境可行性分析

汽车维修企业采用无尘干磨系统后，可有效减少打磨工序产生的粉尘，根据使用的打磨工具和砂纸的不同，单机式无尘干磨系统粉尘收集效率在 70%～98%之间，集中式无尘干磨系统的过滤器过滤效率能达到 99%以上，明显改善车间的作业环境。此外，无尘干磨系统无废水排放，减少了车间用水量的同时降低废水产生量，减轻企业后续废水处理设施的处理负荷。

5.9.4 经济可行性分析

该汽车维修企业采购的无尘干磨设备，采购及安装费用约为 10 万元，压缩空气管线改造和其他费用约 5000 元，共计投资 10.5 万元，该方案无直接的经济效益，但是该方案的实施可有效改善车间环境，提高工作效率并保证修补质量。

5.10 集中钣喷作业中心方案

5.10.1 方案简介

汽车维修企业为解决人们日常修车需求带来了很多的便利，但是大量的汽车维修企业，尤其是一些规模较小的汽车维修企业，安全、环境等问题日益突出，表现为以下几点。

(1) 环境问题突出

钣喷企业投入低、设备差、作业不规范，造成挥发性有机物超标排放，达不到环保要求。

(2) 安全隐患较大

从事钣喷作业使用的乙炔、氧气、香胶水、树脂、油漆、原子灰等物品，均属易燃、有毒物质，如管理不善，存在严重的安全隐患。

(3) 扰民问题严重

很多“散、小、弱”和无证经营业户均在学校、居民生活小区和背街小巷等周边开店，钣金作业对金属的切割、敲补、打磨产生的粉尘和噪声，严重影响了周边群众的生活，容易引发投诉。

随着各地环保要求的不断严格，监管力度的日益加大，汽车维修企业面临的环保压力也越来越大，传统的分散式的汽车维修企业如想合规需要做大量的改造，企业成本压力较大，一些难以达标的汽车维修企业出现了停业整顿甚至关停的现象，因此，对于汽车维修企业来说，转变传统的钣喷业务方式，向着现代化、专业化的方式转变显得尤为重要，钣喷业务集中化应运而生。集中式钣喷作业中心是一种从结果导向的生产方式转变成从输入的资源控制及过程管理的先进生产方式，钣喷车间被划分为不同的功能区域，由专门的作业人员完成制定工作，按作业流程顺序将各个工序串联排布，取代传统的各自为营的作业方式，这也是汽车维修企业节能降耗、走绿色发展之路的必然选择。

5.10.2 技术可行性分析

传统的修补漆工艺是单人或者小组完成油漆修补喷涂的所有工作，一个油漆修补喷涂过程有 10 多个工序，而钣喷流水线（图 5-19）是将油漆修补的流程合理地分解，对设备和人员按工艺流程进行分工。因此，一件复杂的工作被分隔成一个个简单的作业。一个完整的汽车钣喷工艺一般分为 7～9 个工序，包括钣金拆装、整形、刮灰、打磨、底漆、遮盖、面漆、烘干、抛光和装配等，每家维修站可根据自己的情况灵活选择工位的数量。

按照钣喷作业的不同实现形式可以分为“硬”式流水线和“软”式流水线。

(1)“硬”式流水线

“硬”式流水线一般是指汽车维修企业对钣喷车间相关设施进行大规模的集成化设计，安装移动地轨和特殊设计的烤房和底漆房后形成的流水线，钣喷车辆在轨道上根据不同的工序顺序移动。

“硬”式流水线每个工作站作业节拍的时间是几乎相近的，每个工作站根据每个修补车的工作量调整人员，分别负责不同工序的工作。每个工作站技术人员的工作时间被

图 5-19 钣喷流水线

严格控制，以确保车辆按照计划的时间完成，同样，每个工作站技术人员的维修质量也被严格控制，以确保完工后的维修品质。由于“硬”式流水线在形式上多是一通到底的直线轨道，所以它一般采用节拍式的衔接方式，每个工序的时间都是固定而且相等的，这个作业时间就被称之为节拍时间，比如设定钣喷作业节拍时间为45min。只有严格按照时间限定，流水线才能有序运转起来。

相比传统钣喷车间，“硬”式流水线现场管理容易规范，效率有大幅度的提高；设备精良、稳定；员工操作环境好；消除了大部分传统维修企业中设备及环境的质量波动因素，喷漆作业质量容易保证；维修车辆在轨道上不需启动就可以由技师推动至下一工序，减少移动距离和时间，能够确保工序衔接。

(2)“软”式流水线

“软”式流水线是指按照钣喷工序顺序，在钣喷车间把不同作业工位按工艺顺序排列的流水形式，如图 5-20 所示。

按照每个工序的耗时程度，它们的工位占用的多少比例是不同的（图 5-21）。喷漆过程中最费时间的是“腻子作业”和“中涂底漆作业”这两个工序，因此分配给他们的工位就相对较多。而且，因为整个流水线并不是严格的“一条直线”，所以在衔接方式上更多地采用“软”式流水线的形式，每个工序也就没有严格的时间限制。

但是，由于每个工序之间的衔接时间完全是“模糊”的，所以需要一个对钣喷相当精通的主管对这条线进行管理，否则就有可能因为工序间的产能不一，衔接困难，造成效率低下。

5.10.3 环境可行性分析

集中钣喷中心可以把挥发性有机物、危险废物、危险化学品进行集中管理，将环境

图 5-20 “软”式流水线

图 5-21 “软”式流水线工位安排

污染控制至最少。污染物排放的集中处理，可减少管理难度及管理费用。同时，钣喷流水线使汽车维修企业事故车维修的能力提高 50%，喷漆技师的加班时间减少 30%，钣喷维修车辆修补漆的周期缩短了 50%，可明显提升工作效率。

5.10.4 经济可行性分析

一般来说，“硬”式流水线投资较大，适合业务量较大的汽车维修企业，“硬”式流水线的实施对厂房和投资的要求较高，地轨上的车辆不管是竖排还是横排，油漆车间都必须达到 30～80m 长，才能容纳下整条线。另外，由于要增加地轨，改建或新增烤房、底漆房，所以整体投入会比较大。

5.11 节能灯改造方案

5.11.1 方案简介

某汽车维修企业的展厅及车间使用大量照明灯具，现有照明灯具统计情况如表5-16所示。本方案将办公区、车间及部分公共区域的节能灯及射灯更换为LED灯。

表5-16 照明灯具数量统计

使用区域	灯具名称	设备参数			每天运行时间/h
		型号	功率/kW	数量	
展厅	筒灯	—	0.036	394	8～17
展厅	日光灯	T8	0.036	436	8～17
展厅	金卤灯	—	0.15	72	8～17
维修车间	金卤灯	—	0.25	282	8～17
三层办公室	日光灯	T8	0.036	400	8～17
二层办公室	日光灯	T8	0.036	200	8～17

5.11.2 技术可行性分析

(1) 节能灯

节能灯，又称为省电灯泡、电子灯泡、紧凑型荧光灯及一体式荧光灯，是指将荧光灯与镇流器（安定器）组合成一个整体的照明设备。2008年国家启动“绿色照明”工程，城乡居民和企业使用中标企业节能灯享受一定比例的补助。节能灯的推广意义重大，然而，废旧节能灯对环境的危害也引起了关注。到2012年10月底，节能推广工程有上亿节能灯报废，废旧节能灯的处理和回收问题引起关注。

节能灯生产、使用和废弃后会产生汞污染，世界各国均认识到了汞污染的危害性；节能灯由于是玻璃制品，易破碎，不好运输，不好安装；其耗电量偏大；容易损坏，寿命短，节能不省钱。

(2) 射灯

射灯为卤素灯，卤素灯属于白炽灯光源，是在白炽灯内充入卤素气体，使得光源各方面性能得到了提升，光效从8lm/W提高到12～15lm/W，光源体积大幅度减小，能适合更多灯具的使用。但其属于热辐射发光，光效提不上去，热量高，光衰严重，光线带有紫外线辐射，长时间照射容易使纺织物、宝石玉石等表面褪色变色。

(3) LED灯

① LED灯节能效果明显，较小功率的LED灯可代替原有功率较大的节能灯、射灯。

② 使用LED固定光源，接口直接安装在常用交流85～265V接口上，使用方便、安全。

③ 采用LED作为光源，选用高亮度半导体芯片，具有导热率高，光衰小，光色纯，无重影等特点。

④ 独特的散热工艺使LED光源寿命可达50000h以上，维护费用极低。

⑤ 无不良眩光、无闪频，避免长时间视觉疲劳。

⑥ 绿色环保无污染，不含铅、汞等重金属元素，对环境无污染。

5.11.3 环境可行性分析

按照更换为LED灯具计算，每年可减少标准煤17.66tce，按每吨标准煤减排CO_2 2.6t、减排SO_2 16.5kg、减排NO_x 15.6kg计算，各污染物减排量如下：

$$每年减排CO_2=17.66\times2.6=45.92(t)$$

$$每年减排SO_2=17.66\times16.5=291.39(kg)$$

$$每年减排NO_x=17.66\times15.6=275.50(kg)$$

5.11.4 经济可行性分析

本方案经济可行性分析如表5-17、表5-18所示。

表5-17 节电量、节约费用计算

更换前灯具类型	更换前功率/W	更换后灯具类型	更换后功率/W	数量	年运行小时/h	节电量/kWh	节约费用/元
筒灯	36	LED	30	394	3204	3408.42	3578.84
日光灯	36	LED	9	436	3195	23695.27	24880.03
金卤灯	150	LED	70	72	3195	11594.02	12173.72
金卤灯	250	LED	65	282	3195	105010.38	110260.90
合计				1184	—	143708.09	150893.49

由表5-18可知，节能灯、射灯改造方案实施后，该汽车维修企业在1年内即可收回成本，内部收益率为119.79%。

表 5-18 经济可行性分析表

项目	金额	单位
总投资费用	11.84	万元
年运行费总节省金额	15.09	万元
贴现率	7	%
折旧期	10.00	年
税率	15	%
年折旧费	1.18	万元
应税利润	13.91	万元
净利润	13.91	万元
年增现金流量	14.19	万元
偿还期	0.83	年
净现值	87.81	万元
净现值率	741.65	%
内部收益率	119.79	%

第 6 章
典型地区汽车维修行业环境管理经验

6.1
北京汽车维修行业环境管理经验

据统计，2018年，北京市全部汽车修理企业3760家，其中一类维修企业805户，二类企业1550户，三类企业1405户；纳入北京市挥发性有机污染物（VOCs）污染源排放清单的汽车维修企业共约2480家，清单统计中有VOCs排放的企业约1450家，排放总量约1416.29t。

按照北京市VOCs污染源排放清单，有VOCs排放的汽车维修企业区域分布如图6-1所示，企业数量较多的区主要为海淀区、朝阳区、丰台区、房山区，约占北京市汽车维修数量的63%。

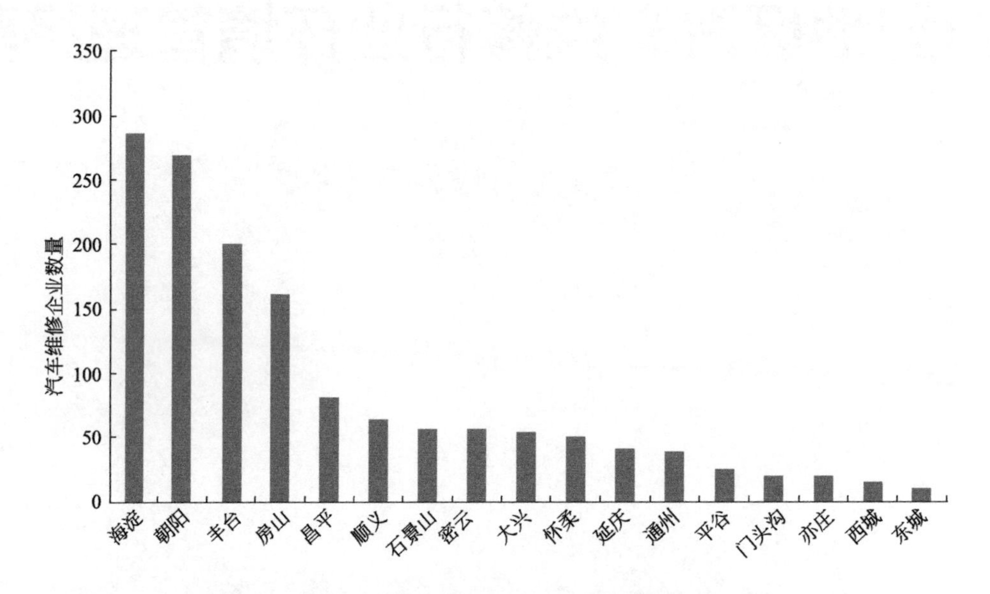

图6-1 北京有VOCs排放的汽车维修企业区域分布情况

汽车维修行业是北京市污染防治的重点行业。为加强行业环境管理，推动行业提质升级，北京市主要开展了以下几方面工作。

(1) 完善法规标准

北京市先后颁布实施了《公共生活取水定额　第7部分：洗车》（DB11/ 554.7—2012)、《汽车维修业大气污染物排放标准》（DB11/ 1228—2015)、《清洁生产评价指标体系　汽车维修及拆解业》（DB11/T 1265—2015)、《汽车维修业污染防治技术规范》（DB11/T 1426—2017）等标准，相关标准从水资源消耗、清洁生产、废物处理、污染物达标排放等方面对汽车维修行业提出了全方位的管控要求。在打赢蓝天保卫战工作中，北京市提出：核心区、城市副中心重点区域的汽车维修企业退出钣金、喷漆工艺；完成全市一、二、三类汽车维修企业喷漆污染标准化治理改造；开展污染源挥发性有机物监控技术研究，并在汽车维修等服务领域推广等要求。

相关法规标准的颁布实施，为汽车维修行业产业布局、工艺优化、末端治理等工作提供了技术指导，为管理部门环境管理工作提供了技术支撑，逐步推动汽车维修行业实现绿色发展。

（2）推行清洁生产

自2013年开展服务业清洁生产示范城市建设以来，北京市积极在汽车维修行业开展清洁生产审核和技术推广工作。通过颁布实施《清洁生产评价指标体系　汽车维修及拆解业》（DB11/T 1265—2015），指导汽车维修企业开展清洁生产审核和清洁生产水平评价工作。2013年至今，数十家汽车维修企业开展了清洁生产审核工作，水性漆、燃气喷烤漆房、无尘干磨技术、洗车废水处理及回用技术、绿色照明技术、废气高效治理技术等得以应用推广。

（3）加强环境监管

近年来，北京市高度重视汽车维修行业环境保护工作，加大了该行业的环境监管力度。《北京市打赢蓝天保卫战三年行动计划》提出：全市每年对汽车维修企业执法检查不低于3000家（次），定期对各区的执法检查率、违法查处率进行排名、通报。部分地区还制定了机动车维修企业专项治理工作方案，要求从环评审批、废气处理设施建设及运行、危险废物贮存转移和处置、喷漆涂料挥发性有机物含量、排气筒废气及大气无组织排放等方面开展检查工作。2018年，北京市生态环境局共处罚34起汽车维修企业环保违法行为，罚金共计253.5万元。

北京市各区县积极开展汽车维修行业提质升级工作。以通州区为例，开展以下工作。

（1）加强领导，高度重视

认真学习领会北京市区文件精神，站在以引领机动车维修行业更好地适应通州区城市副中心建设、发展需要的高度，切实推动通州区机动车维修行业整体污染防治能力的全面提升。制定《北京市通州区机动车维修行业污染防治能力提质升级2019—2020年行动方案》（以下简称《行动方案》），并成立了以主要领导为组长、主管领导为副组长的工作小组。

（2）加强宣传，充分解释

一是召开城市副中心具有喷烤漆房企业的政策宣贯会，对《行动方案》的具体内容进行宣传解释，明确企业在污染防治工作中应承担的具体任务和做法；二是利用监管检查入户对企业进行政策宣贯，引导城市副中心重点区域维修企业退出钣喷作业；三是遇有来电来人进行咨询，工作人员及时开展相关政策宣贯解释。通过一系列宣传、解释工作，使企业充分理解《行动方案》的重要性，认识到机动车维修企业在环境保护工作中应该承担的责任义务，从而确保下一步工作的有效推进。

(3) 加强监管，建立机制

为确保通州区机动车维修行业污染防治能力提质升级工作的有效落实，保证城市副中心重点区域钣喷作业退出工作的顺利开展，相关管理部门增强对机动车维修行业检查力度、频次，建立行业监管长效机制。一是对全区的喷烤漆房情况进行摸底，建立台账；二是对城市副中心具有喷烤漆房的企业权属、喷烤漆房 VOCs 改造、排放在线监测、水性漆使用等情况逐户摸底调查；三是加大对城市副中心重点区域维修企业巡查力度；四是要求企业建立污染废弃物处置台账、与具备资质的危险废物处置公司签订回收协议，执法人员对签订情况进行检查；五是进一步加大对违规维修作业、擅自从事维修业务等违法违规行为进行查处。2019 年共检查维修企业 1050 户次，与属地和相关部门开展联合检查 19 次，处罚违法行为 156 起，罚款 37 万余元。

(4) 压实责任，成效显著

2018 年副中心重点区域内在册维修企业 42 户，其中具有喷烤漆作业资质的企业 29 户，喷烤漆房 29 台。随着专项工作的落实推进，截止到 2019 年底副中心重点区域内在册的维修企业仅存 2 户，且均为三类小专项不具备钣喷作业资质。实现了区域内机动车维修行业污染防治能力提质升级、钣喷作业退出城市副中心重点区域的工作目标。

6.2 杭州汽车维修行业环境管理经验

截至 2018 年底，杭州机动车保有量 288.1 万辆。相关管理部门为了加强机动车维修行业污染防治工作，引导维修企业绿色、低碳发展实行了一系列的改革措施，为推进汽车维修行业实现绿色转型，为“绿色维修”注入新动力。

杭州实施 I/M 制度。“I”是指 I 站，即机动车排放检测站；“M”是指 M 站，即机动车排放维修站。凡在机动车排放检测站（I 站）检验结果超标的机动车，确定其尾气排放污染严重的原因；然后送到指定具有资质的机动车排放维修站（M 站）进行针对性地维修维护，确保环保检验不合格车辆治理后达标上路行驶。自 2018 年杭州确定首批 10 家 M 站以来，车检时被筛选出不合规的车辆都到指定 M 站进行检修，大大加强了汽车尾气排放污染的防治作用。为了进一步做好机动车尾气污染的治理工作，2019年，杭州市再增加50家尾气治理维护站。

杭州基于汽车维修电子健康档案系统的信息化建立I/M制度尚属全国首例，不仅能够有效降低汽车尾气污染，同时也能促进维修行业的诚信建设。截至2018年底，汽车维修电子健康档案系统已采集维修数据957万多条，杭州已有235万多辆汽车拥有了自己的电子健康档案。

截至2018年底，杭州地区共有一、二类机动车维修企业1442家。维修生产过程中能源浪费、环境污染问题不容忽视，其中汽车烤漆房设备使用、更新问题就是被高度重视的内容之一。传统燃油加热型汽车喷烤漆房的使用须先行加热整个烤房的内部空间，这使得整个作业过程大量消耗燃油能源、造成污染环境的同时，也产生了巨大的能源浪费。为此，杭州市相关管理部门积极开展烤漆房“油改电”项目的推广，每年定期召开行业“绿色维修”主题培训班，向维修企业宣传环保意识。历经十年，完成烤漆房“油改电”573台，全市正常经营一、二类维修企业全部使用电烤漆房。这一改变，每年大约可节省2355t标准油，折合1604t标准煤，减少二氧化碳排放约1.35×10^{4}t。

目前，杭州市相关管理部门还将深入推进“绿色维修”建设，加强机动车维修排放污染防治，积极推广水性漆等行业新型环保技术与工艺，进一步完善行业危险废物处理机制，加快行业清洁化发展。

6.3 湖州汽车维修行业环境管理经验

湖州市相关管理部门针对汽车维修行业大气污染治理日益复杂等问题，广泛调查、深入研究、科学施策，有效控制挥发性有机物等污染排放，合理处置危险废弃物，切实推进“绿色维修”向纵深发展。2019年3月，建立了全市首个标准化危险废物存储仓库；2019年9月，全市首家汽车维修行业绿色钣喷共享中心试点在南浔建成。两个首家试点的成功为全市汽车维修行业绿色、健康发展提供了“南浔经验”。

（1）源头化治理

通过对辖区内机动车维修企业进行摸底排查，做到“一户一档”报南浔区治气办备案。联合市生态环境局南浔分局、南浔区交通局，对照《湖州市汽车维修（涂装）行业废气整治规范》要求，结合辖区汽车维修行业实际情况，制定《南浔区汽车维修（涂装）行业废气整治规范》，进一步细化整治规范标准和细则。目前，已完成全区68家涉喷涂工艺维修企业深化整治提升。

（2）标准化建设

按照“建设标准化钣喷共享中心、建设标准化喷涂车间、淘汰喷涂工序”三种模式，对辖区涉漆汽车维修企业喷涂工艺进行整治提升。通过解读规范各项要求，就企业污染防治注重源头减量、加强废气收集、提升废气处理和抓好精细化长效管理做出明确要求。同时，要求企业加强对台账、转移联单的规范管理，督促企业落实好污染防治主体责任。

以标准化危险废物存储仓库为例，新建成的标准化危险废物存储仓库将根据危险废物的种类，如废机油机滤、废旧电瓶、废活性炭，废过滤棉等有污染的物品进行分类存放，做好“三防”（防渗漏、防雨淋、防流失）措施。同时公开企业危险废物管理责任人、职责，危险废物产生环节、种类、去向等信息。

如图 6-2 所示，标准化钣喷共享中心干磨区、钣金区、流水线喷漆区等功能区一应俱全，采用多级高效复合型环保设备进行钣喷作业，能够有效收集处理喷漆废气。

(a)

(b)

图 6-2 湖州南浔绿色钣喷共享中心

（3）网格化监管

汽车维修行业废气治理工作列入 2019 年南浔区生态环保重点任务清单以来，通过实施“划分网格、责任到人、明确任务”网格化监管，推进建立“党政同责、一岗双责、齐抓共管”的监管机制，打好汽车维修行业环境污染防治攻坚战。以属地管理为原则，以乡镇政府为责任主体，建立区、乡（镇）、村（社区）三级监管网格体系，乡镇党政主要负责人对本辖区内网格化负监管领导责任，组织安排网格化管理员加强网格内日常巡查，对发现的汽车维修污染企业及时上报，对整改提升的企业做好督促检查。

6.4 蚌埠汽车维修行业环境管理经验

2018年以来，蚌埠市相关管理部门围绕汽车维修行业挥发性有机物污染防治问题展开整治工作，取得阶段性成效。

① 多次召开相关部门联席会议，制定切实可行的整治工作方案，明确工作目标及内容，统筹安排、推进整治工作稳步开展。并率先在全省开展汽车维修行业喷烤漆房升级改造工作，发布了首批《蚌埠市汽车喷漆工艺改造维修企业（点）清单目录》，涉及83家企业。

② 指导市汽车服务行业协会对市区内的维修企业开展调查摸底及政策宣传引导工作，督促协会加快推进各清单目录企业完成升级改造及挥发性有机物净化设备安装工作和推动汽车维修行业危险废物管理规范化，进一步创新社会源危险废物收集管理手段。

③ 强化与市环保部门、行政执法部门的沟通配合，形成合力，集中开展汽车维修（烤漆）经营场所废气排放整治，从严查处无证经营、超范围经营等违法违规维修企业。

④ 组织召开全市汽车维修行业挥发性有机物污染专项整治工作动员大会，对开展机动车维修行业危险废物与挥发性有机物污染防治专项整治工作方案和蚌埠市汽车维修行业喷漆房升级改造奖补资金使用方案进行详细解读。并成立了蚌埠市汽车维修企业（点）喷烤漆房整治奖补资金发放工作领导小组。

⑤ 督促、引导维修企业建立完善污染防治管理机制和污染防治台账。并组织人员对市区二类以上维修企业开展危险废物管理台账、人员培训、处置等情况的专项检查。

⑥ 根据市交通局的安排做好汽车维修行业大气污染排放环保检测第三方招标相关准备工作。

⑦ 建立蓝天保卫战督查、登记和反馈工作机制。

⑧ 继续督查全市有资质汽车维修企业挥发性有机物污染排放升级改造工作及相关表格统计填报工作。

截至目前，蚌埠市区有资质的汽车维修企业共有55家完成了挥发性有机物治理设备安装；暂停营业57家、书面承诺不从事喷漆业务136家、待整改54家。下一步，市运管处将继续开展专项整治，强化对汽车维修行业大气污染的源头治理和监管；推进企业加速升级改造，严格维修经营业户准入制度，提升维修从业人员环境保护意识，推广应用绿色环保汽车维修设备，落实维修废弃物无害化处理，并充分发挥市汽车服务行业协会作用，强化汽车维修行业自律管理，确保专项行动取得实效。实现汽车维修行业的绿色发展，增强人民群众的蓝天幸福感，为广大人民群众提供和谐宜居的生活环境。

6.5 佛山汽车维修行业环境管理经验

(1) 严格环境准入

依法依规把好机动车维修企业环境准入关，佛山市不再受理使用油性涂料开展涂装作业的新建、改建、扩建汽车维修企业申请备案，区域集中喷涂中心除外。2019 年 6 月底前，各区完成辖区内汽车维修企业排查；2019 年 9 月底前完成清理淘汰工商、安全生产、环境保护、维修资质等手续不齐全的汽车维修企业。

(2) 开展源头防治

鼓励倡导汽车维修企业全面开展水性涂料的改造和使用，从源头上减少挥发性有机物排放。对全部使用水性（低挥发性）有机物含量料从事底、中、面漆喷涂、补漆作业的汽车维修企业，喷漆废气监测达标的，可以不安装废气治理设施和在线监测监控设备；对拟保留的汽车维修企业，不愿开展水性涂料改造的，必须深化治理，并安装 VOCs 在线监测（监控）设施，并与生态环境部门联网；推广汽车维修行业绿色涂装中心建设，全市五区在开展汽车维修集中喷涂试点建设工作的基础上，2019 年底前，各区至少完成建成一个以上汽车维修共享喷漆中心，鼓励使用油性涂料涂装作业工序进入集中喷涂中心进行；坚决取缔露天和敞开式汽车维修喷涂作业。

以禅城区为例，该区已完成 3 个共享喷漆中心的建设工作。某共享喷漆中心采用红外线烘干技术，杜绝烘干产生的二次污染，喷漆房封闭收集，采用水喷淋＋低温等离子＋UV 光解＋活性炭一体机多级治理技术，为周边 30 多家小型汽车维修中心、汽车美容店服务，废气排放水平远低于国家和地方排放标准要求。

(3) 加强规范管理

加强汽车维修企业各类型涂料、有机溶剂、清洗剂等原辅材料运输、转移、储存、调配的管理和涂装、烘干作业场所的管理；规范汽车维修企业内部管理，强化固体废物的管理，完善申报登记制度，建立台账管理制度。

6.6
廊坊汽车维修行业环境管理经验

2018年，为深入推进大气污染防治工作，有效控制汽车维修行业挥发性有机物排放，提升汽车维修行业污染防治水平，切实改善空气环境质量，廊坊市制定了专项整治工作方案，强力实施全市汽车维修行业挥发性有机物污染专项整治。

对无证照、无环保手续、无环保治理设施以及处理效率低下、不能达标排放或存在未批先建行为的维修单位将依法关停或取缔；要求汽车维修企业对现有喷漆、烤漆房进行密闭改造，不得出现跑气、漏气现象，并匹配建设废气吸引风系统；对产生VOCs的工序进行密闭收集，并经高效治理设施处理后排放，提升VOCs气体收集率，最大限度减少无组织废气逸散；采用先进高效的末端治理设施，不断提高废气处理率，保证废气能够连续稳定达到河北省《工业企业挥发性有机物排放控制标准》（DB13/ 2322—2016)；VOCs气体的收集率和处理率应满足《“十三五”挥发性有机物污染防治工作方案》要求。同时按照河北省《关于印发重点工业源挥发性有机物排放在线监控设备安装联网验收技术指南的通知》要求，安装VOCs在线监测设备或超标报警传感装置，并与市环保局监控平台联网，保证监控设备正常运行。

同时对汽车维修企业日常管理提出了相应要求。一是含挥发性有机物的原辅材料在运输和储存过程中应保持密闭，使用过程中随取随开，用后应及时密闭，以减少挥发。二是喷漆过程应选用传递效率高的喷枪，喷枪传递效率应不低于50%。使用溶剂型涂料的喷枪，应密闭清洗。三是汽车维修企业应设置危险废物专用储存间，危险废物要分类集中收集，并张贴警示标识。对维修及废气处理过程中产生的废矿物油、废抹布、废活性炭等危险废物必须委托有资质的单位进行处理。四是汽车维修单位应每月记录使用含挥发性有机物的原料名称、挥发性有机物含量、购入量、使用量和输出量等信息。五是加强对挥发性有机物污染处理设施的维护保养，并每日记录主要操作参数，做好过滤材料更换和处置记录。记录材料保存至少3年以上，以备核查。

明确市直各相关部门职责。同时市交通局会同市直有关部门成立汽车维修行业大气污染防治作战领导小组，对各县（市、区）、开发区汽车维修行业大气污染防治工作进行督导检查和考核，并予以通报。各县（市、区）人民政府、开发区管委会是汽车维修行业挥发性有机物污染专项整治工作的责任主体，要按照属地原则，制定实施方案，成立联合工作组，确保按时保质完成整治任务，定期开展检查自查工作。

6.7 南京汽车维修行业环境管理经验

（1）规范“六废一残”处置

汽车维修过程中产生的废制冷剂、废电瓶、废润滑油、废冷却液、废轮胎、废配件和维修作业残留物，简称“六废一残”。汽车维修企业要进一步增强社会责任意识，将企业长远发展与环境保护紧密联系，从“绿色汽修”创建基础做起，规范处置汽车维修过程中产生的“六废一残”。企业要从梳理处置制度、落实处置责任、畅通处置渠道、明示处置标识、规范处置流程、进行处置考核等方面发挥主观能动性，切实落实环境保护要求，履行社会义务。

（2）树立“绿色汽修”典型

按照“示范推进，分步实施、逐步深化”的整体创建思路，本着好中选优的原则，2011 年将市内 11 家获得全国诚信维修企业称号的单位作为市内创建“绿色汽修”的示范培育单位。示范培育单位应严格按照“绿色汽修”的创建要求，全面落实《“绿色汽修”指导书（试行）》，做好组织、制度宣传工作；运用、更新（或改造）设施设备。一是直接产生节能量的维修设备的改进和运用，包括节能型远红外线（或短波红外）烤漆房替代柴油烤漆房。采用集中供气系统。节能型零部件清洗（或生物降解清洗）方法替代汽油清洗。二是减少废气、废水、废油、废液等排放技术的运用，包括：油水分离池、节水外部清洗机或洗车水循环利用设备、制冷剂回收净化加注机、烤漆房环保柜（带过滤棉、活性炭和风机等）、调试车间或工位尾气净化装置、高精度排气分析仪或烟度计、无尘干磨设备、气动废油收集机、气动制动液更换加注机、洗枪机或稀料回收再利用设备、免拆车身整形设备等。三是本着资源共享兼顾效益原则，有条件的运用旧部件损坏件再加工技术，包括发动机总成、变速箱总成再加工，以及车身修复技术运用；以及其他包含作业现场管理，新技术新材料的运用，以及“六废一残”规范化处置等。

（3）加强宣传服务，推进“绿色汽修”创建工作落实

各汽车维修行业管理机构要把逐步推进“绿色汽修”创建作为日常行业管理工作的一部分，从新企业许可、日常管理、信誉考核等方面加强宣传与服务，对照“绿色汽修”指导书考核验收要求，城区范围培育不少于 3 家省级“绿色汽修”示范企业，各县（区）培育不少于 1 家市级“绿色汽修”示范企业，独立建制维修管理所力争达到省级“绿色汽修”示范企业要求。2011 年对所有信誉企业宣传到位，2012 年落实“绿色汽修”情况作为对信誉企业维修服务质量考核的重要内容。2012 年在广泛宣传“绿色汽修”的基础上，2013 年起行业管理部门可采取行政手段，根据《江苏省机动车维修条例》第三十四条，按省地方标准《机动车维修业开业条件》完善环境保护制度和措施，以及环保设备设施操作规程和处置要求，对未有效执行节能减排的维修企业，通过宣传教育、限令整改后仍未改正的，给予行政处罚。加强对维修企业履行社会义务、落实环境保护要求情况的监管，大力推进“绿色汽修”创建工作的落实。

6.8 重庆汽车维修行业环境管理经验

重庆市为改善大气环境质量，加强大气污染物防治，尤其是挥发性有机化合物（VOCs）管理，促进汽车制造工艺和污染治理技术的进步，制定了重庆市《汽车维修业大气污染物排放标准》（DB50/ 661—2016），规定了重庆市含有喷涂、烘干等作业环节的汽车维修企业（业户）在汽车修理过程中大气污染物排放的控制要求，以及标准的实施与监督等。

2018 年，为加强维修行业信用体系建设，加快形成“守信受激励，失信受惩戒”的信用评价激励机制，提升行业服务质量和服务能力，重庆市涪陵区开展一、二类汽车维修企业信用评价考核工作。信用评价内容包括的环境保护相关内容有：分类收集维修废弃物，及时对有害物质进行隔离、控制，并设置警示标志；按要求做好废机油、制动液、制冷剂、废铅酸蓄电池、废轮胎等维修废弃物的回收处置，并留存废弃物处置记录；按规定配置使用处理废水、废气、粉尘等的通风、吸尘、消声、净化设施；维修器具设备定期维护保养。

6.9 安阳某产业园环境管理经验

安阳某钣喷产业园是河南省安阳市重点污染企业“退城入园”战役重要组成部分，是安阳打造“绿色汽修”、清洁生产的重要创新。

如图 6-3 所示，安阳钣喷产业园定位为集中式钣喷中心，钣喷工艺引入了无尘打磨系统、水性漆技术，旨在从原材料、打磨设备和工艺上进行污染物防治，实现绿色环保喷漆作业。同时园区配套建设有客户接待中心、车辆检测中心、试车跑道，建成后将成为国内首个最大的绿色钣喷、清洁生产示范园区。

(a)

(b)

图 6-3 安阳某钣喷产业园

该产业园拥有完善的收集、处理系统，运营产生的废气、废水、固废、噪声均通过高效环保措施处理，最终使得所有污染物达到超低排放。整个园区采用“海绵城市”的规划理念，设计规划园区内的污水处理系统，对全区内雨水、洗车水、生活污水采取闭环系统处理和再利用，实现园区内污水零排放。

在大气污染物防治方面，园区采用“活性炭吸附＋蓄热催化燃烧（RCO）＋在线监测”工艺。活性炭吸附系统废气收集效率大于 90%，蓄热催化燃烧（RCO）装置废气净化效率大于 97%。

据测算，安阳建成区每年需要处理 7.9 万台事故车。由于缺乏 VOCs 高效收集和处理装置，钣喷维修造成的 VOCs 排放量约为 47.3t。而安阳某钣喷产业园投产后，每年可承接 8 万台次的喷涂车辆，通过使用先进的喷涂工艺和装备，以及高效的收集和深度治理设施，排放总量可减少到 7.88t。

该产业园的做法，符合国家有关节能减排的政策导向，符合地方 VOCs 治理的迫切需求，符合产业集约化的发展趋势。同时，应注意产业园的发展模式的借鉴和推广应遵循因地制宜的原则，而不是简单地复制平移，环保、便民、盈利三要素必须有机结合在一起，只有这样才能确保企业的可持续发展。

6.10 南昌汽车维修危废收集转运经验

南昌市汽车保有量已达110余万辆，各类汽车维修保养站点已达2000余家，其中一类、二类、三类汽车维修企业约900余家，主要在南昌中心城区交通要道旁或工业园区内。多数企业危险废物年产量不到1t，且种类繁多，危险废物经营单位进城集中收运成本高，造成部分危险废物不能及时收运处置，特别是汽车维修行业的废机油滤芯、废油漆桶、废机油桶等贮存占用空间大，收运不及时导致贮存空间严重超负荷的问题特别突出。

小微产废单位危险废物处置费用高。小微产废单位普遍反映处置费用较高，处置费用每吨高达1.5万元，而且设置了起步价，即使小微产废企业不足1t的危险废物仍按1t起步价签订年委托转运处置协议，有时还得不到及时转运处置。由于危险废物处置渠道不畅、危险废物处置价格高，容易导致小微产废单位危险废物平台申报率低。据了解，南昌市汽车维修行业危险废物年产生约5000t以上，但通过江西省危险废物监管平台登记申报仅947.86t，申报量仅为产生量的19%。

为解决企业危险废物收集转移处置难、费用高等突出问题，防止危险废物污染环境，南昌市生态环境局向省生态环境厅申请，在全省率先开展建设汽车维修行业和小微企事业单位危险废物集中收集暂存场所（试点）工作。南昌市土壤污染防治行动计划领导小组办公室结合南昌市实际情况，于2019年5月30日发布《南昌市汽车维修行业及小微产废单位危险废物收集转运暂存场所（试点）实施方案》。方案要求到2019年底前，完成南昌市汽车维修行业和小微企事业单位危险废物集中收集暂存场所（试点）建设并投入正常运行；到2020年，全市危险废物集中收集和转运制度体系初步建立，有效防控危险废物环境风险，全市危险废物产废单位危险废物规范处置率达到90%以上。

南昌市在试点工作中做到以下三个“明确”。

(1) 明确责任分工

明确了市级生态环境保护部门、当地生态环境保护主管部门、当地园区管委会、集中收集试点单位、全市产废企业（单位）共五方的职责任务，做到市县两级政府、部门联动，政府部门与企业、单位互动，确保汽车维修行业及小微产废企业危险废物集中收储场所（试点）建设、运营、监管等各项工作的有序开展。

（2）明确试点范围

明确了试点区域，即确定在南昌县小蓝工业园区、新建区望城工业园区、高新开发区内分别建设 1 个汽车维修行业和小微企事业单位危险废物集中收集暂存场所。明确了试点收集对象，即南昌市范围内汽车维修行业、小微产废企业及高校科研院所。明确了危险废物收集类别，即汽车维修行业的废矿物油、废乳化液、沾染物、废机油滤芯、废机油桶、电镀废渣、废漆渣、废油漆桶、废活性炭、石棉废物及其他企事业单位产生且自愿委托的危险废物。

（3）明确运行机制

明确了准入机制，由江西省内具有合法有效危险废物处置经营许可资质的单位自愿报名申请，再由危险废物行业技术及管理方面的专家组成的评审组对意向单位进行综合评估，从意向单位中确定收集试点单位。明确了退出机制，试点单位在一年试点期满后，提前二个月提出延期申请，经专家评估合格后可延期；对试点单位试点期间履行主体责任不到位、运营不规范等引发环境污染事故或者安全事故的，取消其试点资格。

2020 年初，位于南昌县小蓝工业园区内的首家试点危险废物集中收集暂存场所达到收贮条件，并投入使用。集中暂存场所内部情况见图 6-4，危险废物运输车辆见图 6-5。

图 6-4 集中暂存场所

图 6-5 危险废物运输车辆

第 7 章
汽车维修行业环境保护建议

7.1 完善政策法规标准

截至目前，我国国家层面和各省市针对汽车维修行业发布了一些相关的政策、标准，涵盖法规文件、排放标准、技术规范、技术指南等，对规范汽车维修企业的环保运行，提升污染防治水平提供了重要指导和技术支撑。为进一步推动汽车维修行业的生态环境保护，可考虑制定以下环境保护政策、标准。

（1）汽车维修业大气污染物排放标准

目前，国家层面还没有汽车维修行业大气污染物排放标准。现阶段汽车维修企业大气污染物排放管理执行《大气污染物综合排放标准》（GB 16297—1996）、《挥发性有机物无组织排放控制标准》（GB 37822—2019），有更严格的地方排放标准时则执行地方排放标准，如北京市、重庆市、陕西省等。《大气污染物综合排放标准》（GB 16297—1996）和《挥发性有机物无组织排放控制标准》（GB 37822—2019）具有普适性，未能突出汽车维修行业大气污染物的排放特点，针对性不强。汽车维修过程机修产生打磨粉尘，调漆、喷烤漆过程中产生大量的有机废气，为加强对汽车维修业大气污染物排放的控制和管理，可考虑结合行业实际情况，制定《汽车维修业大气污染物排放标准》，制定要点建议如表 7-1 所示。

表 7-1 《汽车维修业大气污染物排放标准》制定要点建议

序号	类别	内容
1	原材料要求	①涂料（底漆、中涂、面漆、色漆等）即用状态下的挥发性有机物含量限值； ②涂料挥发性有机物浓度限值按水性和油性进行区分； ③清洗剂挥发性有机物含量限值
2	有组织排放控制要求	①机修钣金车间颗粒物浓度限值、挥发性有机物浓度限值； ②调漆车间若单独有排气筒，挥发性有机物浓度限值； ③喷烤漆房挥发性有机物浓度限值； ④喷烤漆房加热炉颗粒物、二氧化硫、氮氧化物浓度限值
3	无组织排放控制要求	结合 GB 37822，对调漆间、喷烤漆房和厂界外提出挥发性有机物浓度限值要求

（2）汽车维修业清洁生产评价指标体系及清洁生产相关政策标准

清洁生产是推动行业生态环境保护、节约资源能源消耗的有力抓手。开展清洁生产工作需依据相应的清洁生产评价指标体系进行对标工作，从而发现清洁生产差距，挖掘潜力。目前，国家层面还没有汽车维修业清洁生产评价指标体系。

2015年北京市发布了《清洁生产评价指标体系　汽车维修及拆解业》(DB11/T 1265—2015)，该标准于2016年4月1日起开始实施，至今该标准已实施4年多，建议在对该标准实施效果进行评估总结的基础上，根据当前国家节能环保工作要求和汽车维修行业发展状况，制定国家层面的《汽车维修行业清洁生产评价指标体系》，制定要点建议如表7-2所示。

表7-2　《汽车维修行业清洁生产评价指标体系》制定要点建议

序号	类别	内容
1	一级指标的设置	①生产工艺及装备； ②资源能源消耗； ③资源综合利用； ④污染物产生与排放； ⑤清洁生产管理
2	二级指标的设置	①生产工艺及装备，包括机修设备、钣金设备、喷漆设备、总成修复和喷烤漆房等的设施设备要求； ②资源能源消耗，包括水的消耗、能源的消耗、环保型涂料占比等； ③资源综合利用，主要考虑洗车水循环利用； ④污染物产生与排放，包括污染物(废气、废水、噪声)排放需满足相应的排放标准要求、固体废物的收集处置规范化要求； ⑤清洁生产管理，包括水、能源、原材料的管理，一般固体废物的管理，危险废物的管理，清洁生产审核工作开展情况，环境管理体系认证情况，相关方的环境管理，对消费者的宣传工作等

建议制定汽车维修业清洁生产审核实施指南，结合汽车维修行业特点，对清洁生产审核实施过程中的工作提出更有针对性和更为细致的要求，进一步指导清洁生产审核相关工作。清洁生产方案是清洁生产审核工作重要的成果形式，为了使清洁生产方案更科学、高效，建议制定清洁生产方案产生方法和绩效评价方法标准。同时制定清洁生产审核验收绩效评价标准；并建立清洁生产审核绩效跟踪与后评估机制，提升清洁生产审核效果。

节约能源和污染物减排是清洁生产审核的一项重要成果，建议探索如何实现将清洁生产审核实施效果与地方政府的节能减排目标挂钩。

同时健全汽车维修业领域的物料、能源、水资源消耗和污染物产生、排放计量、统计、监测、评价相关标准及管理规范。

(3) 汽车维修业污染防治技术规范

目前，国内对汽车维修业还没有统一的污染防治技术规范。

北京市于2017年6月发布了《汽车维修业污染防治技术规范》(DB11/T 1426—2017)。该标准于2017年10月1日起开始实施，主要从选址、大气污染防治、水污染防治、危险废物污染防治、噪声污染防治方面提出了技术要求。陕西省于2019年8月发布了《汽车维修业污染防治技术规范》(DB61/T 1261—2019)。该标准于2019年9月23日起开始实施，是全国范围内首次从机电维修、钣金涂装、汽车清洁、危险废物处置等汽车维修的全过程、全环节，对可能产生的污染物提出了全面的防治规范和技术指导，对汽车维修企业如何防治喷烤漆过程中产生的有机废气，确保达标排放，提出了规范指导，对汽车维修过程中产生的危险废物分类管理进行了进一步明确，为全行业生态环境保护工作规范化管理提供了西安范式。

建议在总结北京市、陕西省等地方技术规范的基础上，提出国家层面的汽车维修业污染防治技术规范，结合不同工序从设备工艺、原料选择、过程控制、末端治理、环境管理等方面提出相应的技术要求，指导企业规范运行，提升节能环保水平。《汽车维修业污染防治技术规范》的制定要点建议如表7-3所示。

表7-3 《汽车维修业污染防治技术规范》的制定要点建议

序号	类别	内容
1	水污染物防治	①机修过程中的零件清洗方式； ②机修过程含油废水的收集、处置要求； ③洗车废水的收集、处置和循环利用要求； ④总排口的废水排放需满足相应的水污染物排放标准限值要求； ⑤自行监测、运行台账等管理要求
2	大气污染物防治	①原料，尤其是化清剂、涂料等的贮存、使用等要求； ②机修工位设备设施要求，废气处理设施等设置、运行要求； ③钣金车间废气处理设施等设置、运行要求； ④调漆车间设置要求，废气处理设施等设置、运行要求； ⑤喷烤漆房设置要求，废气处理设施等设置、运行要求； ⑥各废气排放口污染物排放需满足相应的废气污染物排放标准限值要求； ⑦自行监测、运行台账等管理要求
3	噪声污染控制	①噪声污染控制和削减措施； ②厂界噪声排放需满足GB 12348的限值要求
4	固体废物污染防治	①对一般固体废物和危险废物分别提出要求； ②一般固体废物收集、贮存、处置要求； ③危险废物收集、贮存、处置要求； ④危险废物贮存场所要求； ⑤危险废物管理应急预案、运行台账等管理要求

(4) 汽车维修业“绿色汽修”的相关政策、标准

目前，工业行业的绿色创建活动正在如火如荼地开展，包括：绿色工厂、绿色设计产品、绿色园区、绿色供应链等。汽车维修行业虽属服务业，但具备工业企业一般的特征：服务过程会产生废水、废气、一般固废和危险废物。在汽车维修行业也可大力推行“绿色汽修”创建工作。

为推进工业企业绿色制造，工信部2018年发布了《绿色工厂评价通则》（GB/T 36132—2018）。至今也陆续发布了不少团体标准，如2019年3月由中国淀粉工业协会批准发布的《淀粉行业绿色工厂评价要求》，2019年6月由中国轻工业联合会批准发布的《人造革合成革工业绿色园区评价通则》《绿色设计产品评价技术规范 水性和无溶剂人造革合成革》。

国务院印发的《深化标准化工作改革方案》（国发〔2015〕13号）改革措施中指出，政府主导制定的标准由6类整合精简为4类，分别是强制性国家标准和推荐性国家标准、推荐性行业标准、推荐性地方标准；市场自主制定的标准分为团体标准和企业标准。政府主导制定的标准侧重于保基本，市场自主制定的标准侧重于提高竞争力。鼓励具备相应能力的学会、协会、商会、联合会等社会组织和产业技术联盟协调相关市场主体共同制定满足市场和创新需要的标准，供市场自愿选用，增加标准的有效供给。在标准管理上，对团体标准不设行政许可，由社会组织和产业技术联盟自主制定发布，通过市场竞争优胜劣汰。团体标准相对制定周期短，能及时响应新技术新产品需求；制定工作机制更加灵活；有利于科技成果转化，激发创新积极性；有利于全产业链构建和资源整合，提升产业竞争力。同时团体标准对企业也有诸多的好处：提升企业竞争力，在同行业中获得优势；有助于提高企业及其产品的知名度；进一步扩大企业的竞争力和影响力。因此，为尽快推动汽车维修行业的“绿色汽修”创建工作，可由行业协会等牵头制定汽车维修行业的“绿色汽修”政策、标准，如《绿色汽车维修企业评价技术要求》《汽车维修行业绿色供应链管理企业评价指标体系》。具体的，《绿色汽车维修企业评价技术要求》可参考《绿色工厂评价通则》（GB/T 36132—2018），结合汽车维修的特点，提出绿色汽车维修企业评价的指标体系、程序及要求，具体的评价指标也跟其他行业类似，从以下几方面进行考虑：基本要求、基础设施、管理体系、能源与资源投入、产品、环境排放、绩效等，具体的制定要点建议如表7-4所示。《汽车维修行业绿色供应链管理企业评价指标体系》则是提出汽车维修行业绿色供应链评价的指标体系、具体指标要求和评价方法，具体的评价指标可从以下几方面进行考虑：绿色管理、绿色供应商管理、绿色物流、绿色回收、绿色研发和社会责任信息披露等。具体的制定要点建议如

表 7-5 所示。

表 7-4 《绿色汽车维修企业评价技术要求》的制定要点建议

序号	类别	内容
1	一级指标的设置	①基本要求； ②基础设施； ③管理体系； ④能源与资源投入； ⑤服务； ⑥环境排放； ⑦绩效
2	二级指标的设置	①基本要求，包括合规性与相关方要求、最高管理者要求、企业要求； ②基础设施，包括建筑、照明、专用设备、计量设备、污染物处理设备设施等，“专用设备”如提出机修使用无尘干磨机、洗车使用洗车水循环利用率高的洗车机； ③管理体系，包括质量管理体系、职业健康安全管理体系、环境管理体系、能源管理体系等； ④能源与资源投入，包括采购、资源投入、能源投入，“采购”中可提出“水性涂料占比越高，分值越高”； ⑤服务，包括有毒有害物质使用、节能、减碳、可回收利用率； ⑥环境排放，包括大气污染物排放、水污染物排放、固体废物、噪声、温室气体； ⑦绩效，包括用地集约化、原料无害化、服务洁净化、废物资源化、能源低碳化
3	绩效指标的设置	绩效指标包括容积率、建筑密度、单位用地面积产值、绿色物料使用率、单车废气产生量、单车主要污染物产生量、单车清洗耗新鲜水量、废水回用率、固体废物综合利用率、单车综合能耗、单车碳排放量等

表 7-5 《汽车维修行业绿色供应链管理企业评价指标体系》的制定要点建议

序号	类别	内容
1	一级指标的设置	①管理战略； ②绿色采购及供应商管理； ③绿色服务； ④绿色消费及回收； ⑤绿色信息平台建设及信息披露
2	二级指标的设置	①管理战略，包括企业的绿色发展规划、绿色供应链管理目标、制度、组织架构、培训机制等； ②绿色采购及供应商管理，包括绿色采购指南、供应商准入要求，其中，“绿色采购指南”可提出“优先选用通过环境管理体系认证的供应商、优先选用使用国家推荐的节能低碳技术产品”，“供应商管理”可提出对供应商的考核机制； ③绿色服务，包括接单后的工作流程设计，使用先进工艺及智能化设备，有毒有害物质使用要求，清洁生产审核开展情况等； ④绿色消费及回收，包括绿色消费宣传、回收体系建设、包装材料回收情况、零部件回收利用情况； ⑤绿色信息平台建设及信息披露，包括绿色信息平台的建设和全产业链材料消耗和污染物排放的信息采集情况等
3	评价结果	根据评价分数，给出汽车维修企业的星级评价结果，如“五星制”，得分越高，星级越高

(5) 汽车维修行业的节能低碳技术产品推荐目录

建议制定汽车维修行业的《节能低碳技术产品推荐目录》等文件，发布面向汽车维修业的清洁生产技术、工艺、设备和产品推荐目录，来推动整个汽车维修行业的技术进步。如绿色诊断技术。绿色诊断技术主要是综合性的运用电子测量技术、Signal Processing 技术和计算机智能应用技术。绿色诊断技术需依托于专业性的设备才能进行，其主要的运行原理是传感器采集信息—传送数据处理系统—显示屏观测器故障位置，然后对故障进行科学有效的分析，再据此进行针对性的维修。通过绿色诊断技术，提高了诊断的效率，减少了因为误判可能引起的零部件浪费、一般固废和危险废物的产生。

7.2 推动产业结构优化

依据《汽车维修业开业条件》（GB/T 16739—2014），汽车维修企业分为三类：一类汽车整车维修企业、二类汽车整车维修企业、三类汽车综合小修业户和汽车专项维修业户。

从环境管理角度看，一般情况下三类企业的环境保护意识相对最弱，环境管理技术相对最弱，环境风险也相对最大，因此建议这部分企业进行升级或转型，优化汽车维修行业的产业结构。

另外，汽车维修行业分布分散，且多分布于城市人口密集区域，周边环境敏感点多。探索在远离人口密集区域建立集中喷烤漆中心，采用流水线生产，提高技术装备水平和污染防治水平。

汽车维修项目选址方面有如下建议：

① 汽车维修新建、改建、扩建项目选址应符合国家和地方相关规定等要求。按照《国民经济行业分类》（GB/T 4754—2017），汽车维修业属于“居民服务、修理和其他服务业”，但是汽车维修企业运行过程中会产生有机废气、危险废物等环境问题，鉴于此其选址应符合相关规定要求。

② 禁止在居民住宅楼、未配套设立专用烟道的商住综合楼、商住综合楼内与居住层相邻的商业楼层内，新建、改建、扩建汽车维修项目。由于汽车维修项目的挥发性有机物污染比较突出，即使通过净化设施处理后，也需要进行高空排放，否则会影响居民的健康。

为规范引导汽车维修行业的良性发展，各地方可设立汽车维修园区，形成产业链，包括汽车美容、汽车装潢、汽车维修、钣金喷漆、汽车零部件销售等。园区可实现统一标准化管理模式，同时可设置集中钣喷中心，提高喷烤漆效率和有机废气的治理效率，减少污染物的产生和排放；设置洗车中心，减少污水的排放；设置危险废物集中贮存场所，提高处置效能，降低环境风险。

7.3 推进清洁技术创新

7.3.1 加强清洁生产技术研发

汽车维修行业重点发展方向包括：大力研发推广水性涂料，提高喷涂作业技术水平等。目前，使用水性涂料替代溶剂型涂料已经成为行业发展趋势，部分汽车品牌维修企业已经使用了水性涂料，但是应用比例较低，仅有色漆实现了水性化，底漆、中涂和罩光漆仍然为溶剂型，挥发性有机物源头削减的空间还比较大，应大力研发推广水性涂料。另外，汽车维修作业具有小批量、多品种的特点，多采用空气喷涂，目前，高效率的喷枪比如高流量低压力喷枪得到了应用，其理论涂料利用效率能够达到65%，实际操作中由于各种涂料的雾化压力并不相同，工人根据经验控制喷枪压力，造成涂料的浪费，同时也产生了更多的污染物。因此应探索建立科学的操作规程，实现精细过程控制，对一些指标进行量化，如单位面积的涂料用量，提高涂料的利用效率。通过水性涂料的推广使用并提高喷涂作业水平，可从源头大幅减少 VOCs 的产生。

7.3.2 加强废气治理技术研发

汽车维修过程排放的废气污染物主要为机修过程废气、调漆废气、喷烤漆废气，另外还有少量的汽车尾气。

(1) 机修过程废气

汽车机修过程中发动机系统、空调系统清洗使用清洗剂，其中发动机清洗剂主要成分是甲醇12%、丙酮10%、甲苯38%、溶剂油40%；空调系统清洗剂主要成分是乙醇、正丁烷、丙烷、异丁烷等。这些清洗剂为100%的有机溶剂，且清洗剂的使用量比较大。目前这部分有机废气还未引起足够的重视，很少有企业对机修车间进行密闭并对有机废气进行收集处理，大量的有机废气无组织排放。

(2) 调漆废气

调漆废气来自调漆过程的有机溶剂挥发。调漆过程将涂料、稀释剂、固化剂等原料按照一定比例进行混合，原料中的挥发性有机物成分在称量、搅拌过程中都会挥发出来。有些汽车维修企业未设置独立的调漆间，或有调漆间但未对废气进行收集处置，也造成大量的有机废气无组织排放。

(3) 喷烤漆废气

喷烤漆废气主要来源于挥发的有机溶剂，其主要组分是有机物，如苯、甲苯、二甲苯以及酯类等。目前，企业处理这部分有机废气的方式有：过滤地棉、活性炭吸附工艺，或光催化氧化＋等离子体技术。

(4) 汽车尾气

汽车在维修调试过程中会产生汽车尾气，其中主要污染物包括固体悬浮微粒、一氧化碳、二氧化碳、烃类化合物、氮氧化合物、铅及硫氧化合物等。企业主要采用活性炭吸附工艺处理汽车尾气。

(5) 除油剂

另外在汽车维修行业还使用了大量的除油剂，除油剂的主要成分也为有机溶剂，目前除油剂使用后直接挥发至大气中，无废气治理措施，因此，造成了大量的无组织排放。

目前，企业主要关注挥发性有机物末端治理技术的去除效率。但在汽车维修的机修工序、调漆工序甚至底漆工序、中涂工序产生的挥发性有机物尚未得到有效收集，造成企业约有50%的挥发性有机物无组织排放，废气收集率低的问题急需解决。同时要加强对清洗剂、除油剂使用环节中的废气收集处置。

在末端治理方面，汽车维修行业废气具有风量大、浓度低、间歇性的特点，且废气中掺杂着具有黏性的漆雾颗粒，成分复杂，对处理工艺的选择具有较高的要求。对于喷漆废气中的漆雾的预处理分为干式和湿式处理法，中低效干式过滤效果较差，组合式干式过滤法是目前较为有效的去除漆雾的工艺，但运行成本较高；湿式处理法能达到中高效的除漆雾效果，但会增加气体含湿量，影响后续的吸附浓缩过程且会产生废水问题，如何根据实际工况、排放要求及成本问题选择适当的处理工艺是在应用中需要考虑的问题。在治理技术方面，在实际应用中逐渐将单一的处理技术发展为多技术综合利用的方法，大大提高了处理效率，降低了经济成本。综合考虑实际工况条件，在改善工艺参数与使用新型吸附剂的前提下，活性炭脱附加催化氧化法是汽车维修企业挥发性有机物治理的最佳选择。另外，国内近些年出现了许多新型技术用于处理喷漆废气，例如，湿式喷淋-低温等离子体工艺技术、微纳米气泡技术等。但这些技术的处理效率都不能长时间保证，因此需要结合实际工况条件、经济情况，综合利用不同处理技术的优势，选取最为合适的治理技术，此外还要加强处理设备日常维护，加强环境管理。

针对废气治理方法的吸附材料的核心问题，尤其是一些非极性吸附剂对挥发性有机物的吸附选择性较低，难以起到高效吸附催化氧化的作用等问题，深入研究并开发性能更好的催化剂，不仅可以吸附挥发性有机物，提高反应物浓度，而且可在催化氧化阶段降低反应的活化能，提高反应速率。同时，将相关技术标准化，制订汽车维修行业挥发性有机物治理技术规范，科学引导汽车维修企业和环保企业提升废气治理效率。而废气的治理效能由废气的收集效率和净化效率决定，《挥发性有机物无组织排放控制标准》（GB 37822—2019）规定了 VOCs 物料储存无组织排放控制要求、VOCs 物料转移和输送无组织排放控制要求、工艺过程 VOCs 无组织排放控制要求、设备与管线组件 VOCs 泄漏控制要求、敞开液面 VOCs 无组织排放控制要求，以及 VOCs 无组织排放废气收集处理系统要求。汽车维修企业可以对照该标准，完善相关环节和措施，从而减少 VOCs 无组织排放。

目前，国家还没有制定汽车维修行业挥发性有机物治理技术规范。2019 年 6 月生态环境部发布了《重点行业挥发性有机物综合治理方案》（环大气〔2019〕53 号），“控制思路与要求”共提出四条要求：①大力推进源头替代；②全面加强无组织排放控制；③推进建设适宜高效的治污设施；④深入实施精细化管控。同时提出了“重点行业治理任务”，重点行业之一为工业涂装。汽车维修行业的喷烤漆工序属于涂装工序，因此该治理方案中提出的一些治理措施也适用于汽车维修行业。

由于缺乏汽车维修行业污染物收集、处理的指导性文件，导致市场上相关污染治理技术创新度不高，环保设施收集率、处理效率、稳定性、使用寿命等参数难以满足实际需求。需在充分论证技术适用性和有效性的基础上，推广适用的高效处理工艺。

7.3.3 加强废气监测技术研发

排污许可制度要求企业开展自行监测，自证守法。对汽车维修行业 VOCs 的监测主要分为两种：一是污染源的监测，主要是对 VOCs 治理后的浓度是否达标进行监测；另一种是厂区、厂界的监测，主要是监测企业整体的环境状况，对无组织排放以及企业厂界进行监测。

监测方法分为手工监测和自动监测。国家已发布的关于 VOCs 或非甲烷总烃的监测标准有：

《环境空气　总烃、甲烷和非甲烷总烃的测定　直接进样-气相色谱法》（HJ 604—2017）；

《环境空气　挥发性有机物的测定　吸附管采样-热脱附/气相色谱-质谱法》（HJ 644—2013）；

《固定污染源废气　挥发性有机物的采样　气袋法》（HJ 732—2014）；

《固定污染源废气　挥发性有机物的测定　固相吸附-热脱附/气相色谱-质谱法》（HJ 734—2014）；

《环境空气　挥发性有机物的测定　罐采样/气相色谱-质谱法》（HJ 759—2015）；

《固定污染源废气　总烃、甲烷和非甲烷总烃的测定　气相色谱法》（HJ 38—2017）；

《固定污染源废气　挥发性卤代烃的测定　气袋采样-气相色谱法》（HJ 1006—2018）；

《环境空气挥发性有机物气相色谱连续监测系统技术要求及检测方法》（HJ 1010—2018）；

《环境空气和废气　挥发性有机物组分便携式傅里叶红外监测仪技术要求及检测方法》（HJ 1011—2018）；

《环境空气和废气　总烃、甲烷和非甲烷总烃便携式监测仪技术要求及检测方法》（HJ 1012—2018）

《固定污染源废气非甲烷总烃连续监测系统技术要求及检测方法》（HJ 1013—2018）等。

上述这些监测标准主要集中于环境空气和固定污染源废气中的挥发性有机物的手工监测，方法较成熟，便携式仅有傅里叶红外检测方法。对于非甲烷总烃，仅有监测系统技术要求及检测方法，但相应的验收技术规范还未发布，且目前市场已有的挥发性有机物在线监测技术并不成熟，给政府监管和企业自我环境管理带来一定困难。

因此，需加大对挥发性有机物及非甲烷总烃在线监测技术与设备的研究与开发。通过在线监测实时反映污染物 VOCs 或非甲烷总烃的浓度，提高监控和预警效能。

7.4 加强行业环境管理

7.4.1　规范危险废物管理

汽车维修企业产生的危险废物主要有以下七类。

(1) 废有机溶剂与含有机溶剂废物

零件清洗过程废弃的有机溶剂、专业清洗剂、保养更换的防冻液等。

（2）废矿物油与含矿物油废物

维修保养过程中废弃的柴油、机油、刹车油、液压油、润滑油、过滤介质（汽油、机油过滤器）；清洗零件过程废弃的汽油、柴油、煤油、沾染油污的锯末等。

（3）染料、涂料废物

维修过程使用油漆（不包括水性漆）作业产生的废油漆及漆渣，喷烤漆房使用后的空气过滤介质，沾染油漆的废纸、胶带等。

（4）含汞废物

废含汞荧光灯管及其他废含汞电光源。

（5）石棉废物

车辆制动器衬片的更换产生的石棉废物。

（6）废催化剂

废汽车尾气催化净化剂。

（7）其他废物

包括废弃的铅蓄电池、废油漆桶、废喷漆罐、废电路板、未引爆的安全气囊及安全带等。

汽车维修企业在日常运行过程中应识别出所有的危险废物类别，分类收集，完善危险废物管理规章制度和管理台账。按《危险废物贮存污染控制标准》（GB 18597—2001）完善危险废物存储设施或贮存区域，危险废物分类收集、分区存放，并设置危险废物警示标志。将产生的危险废物移交具有相应危险废物经营许可资质的单位处置，严格执行危险废物转移联单制度。

废铅蓄电池是汽车维修业的主要危险废物之一，2019 年 1 月，生态环境部办公厅、国家发展和改革委员会办公厅、工业和信息化部办公厅、公安部办公厅、司法部办公厅、财政部办公厅、交通运输部办公厅、国家税务总局办公厅、国家市场监督管理总局办公厅联合发布了《废铅蓄电池污染物防治行动方案》（环办固体〔2019〕3 号），联合开展废铅蓄电池污染防治行动，总体目标是整治废铅蓄电池非法收集处理环境污染，落实生产者责任延伸制度，提高废铅蓄电池规范收集处理率。方案中要求完善废铅蓄电池收集体系，选择有条件的地区，开展废铅蓄电池集中收集和跨区域转运制度试点；加强汽车维修行业废铅蓄电池产生源管理：加强对汽车整车维修企业（一类、二类）等废铅蓄电池产生源的培训和指导，督促其依法依规将废铅蓄电池交送正规收集处理渠道，并纳入相关资质管理或考核评级指标体系。由交通运输部、生态环境部负责长期落实，并于2019年启动。相关研究成果表明，汽车维修行业废铅蓄电池的产生率约2%（相对于企业的维修车辆），对于维修量为30000辆/年的企业来说，废铅蓄电池的产生量约600个/年。企业应规范收集、处置这些废铅蓄电池。同时建议企业建立铅蓄电池的台账制度，包括采购、领用、替换（成为危险废物）、处置情况。

7.4.2 夯实基础支撑体系

科学细化汽车维修行业能耗、水耗计量。对汽车维修业能耗较大的企业，试点开展智能化能源计量器具配备工作，推动各企业逐步规范能源、水计量器具配备。鼓励重点企业安装具有在线采集、远传、智能功能的能源、水计量器具，逐步推动企业建立能源计量管理控制中心，实现计量数据在线采集、实时监测。加强能源计量工作审查评价。结合汽车维修业的能耗、水耗特点，研究建立汽车维修企业单位业务量能耗、水耗统计指标及评价方法，如单车综合能耗、单车清洗新鲜水耗用量等。

试点开展汽车维修行业物耗统计，如漆料、稀释剂、固化剂、化清剂、清洗剂等的使用情况。综合分析不同汽车维修企业的能耗、水耗、物耗特点及其投入产出绩效。汽车维修行业的主要污染物之一为有机废气，有机废气的源头为各种漆料，如油性漆VOCs的含量为55%～65%，稀释剂VOCs的含量为100%。因此，对各物料的使用情况进行统计，同时结合各物料的MSDS文件中VOCs的含量，可计算企业理论VOCs产生量。

7.4.3 落实排污许可制度

2016年，国务院办公厅印发了《控制污染物排放许可制实施方案》（以下简称《方案》）（国办发〔2016〕81号）。《方案》指出，实施控制污染物排放许可制，是推进生态文明建设、加强环境保护工作的一项具体举措，是改革环境治理基础制度的重要内容，对加强污染物排放的控制与监管具有重要意义。《方案》明确，到2020年，完成覆盖所有固定污染源的排污许可证核发工作，基本建立法律体系完备、技术体系科学、管理体系高效的控制污染物排放许可制，对固定污染源实施全过程和多污染物协同控制，实现系统化、科学化、法治化、精细化、信息化的“一证式”管理。《方案》提出，要衔接整合相关环境管理制度，将控制污染物排放许可制建设成为固定污染源环境管理的核心制度。通过实施控制污染物排放许可制，实行企事业单位污染物排放总量控制制度，实现由行政区域污染物排放总量控制向企事业单位污染物排放总量控制转变，范围逐渐统一到固定污染源；有机衔接环境影响评价制度，实现从污染预防到污染治理和排放控制的全过程监管；为相关工作提供统一的污染物排放数据，提高管理效能。同时《方案》提出，要严格落实企事业单位环境保护责任。纳入排污许可管理的所有企事业单位必须持证排污、按证排污，不得无证排污。企事业单位应依法开展自行监测，建立台账记录，如实向环境保护部门报告排污许可证执行情况。

依据《固定污染源排污许可分类管理名录》（2019 年版），营业面积 5000m² 及以上且有涂装工序的汽车、摩托车等修理与维护企业实施排污许可简化管理。

排污许可证包括基本信息、登记事项、许可事项、承诺书、环境管理要求等内容。

（1）基本信息

① 排污单位名称、注册地址、法定代表人或者主要负责人、技术负责人、生产经营场所地址、行业类别、统一社会信用代码等排污单位基本信息；

② 排污许可证有效期限、发证机关、发证日期、证书编号和二维码等基本信息。

（2）登记事项

① 主要生产设施、主要产品及产能、主要原辅材料等；

② 产排污环节、污染防治设施等；

③ 环境影响评价审批意见、依法分解落实到本单位的重点污染物排放总量控制指标、排污权有偿使用和交易记录等。

（3）许可事项

① 排放口位置和数量、污染物排放方式和排放去向等，大气污染物无组织排放源的位置和数量；

② 排放口和无组织排放源排放污染物的种类、许可排放浓度、许可排放量；

③ 取得排污许可证后应当遵守的环境管理要求；

④ 法律法规规定的其他许可事项。

（4）环境管理要求

① 污染防治设施运行和维护、无组织排放控制等要求；

② 自行监测要求、台账记录要求、执行报告内容和频次等要求；

③ 排污单位信息公开要求；

④ 法律法规规定的其他事项。

因此，符合《固定污染源排污许可分类管理名录》（2019 年版）相关要求的汽车维修企业应及时按照相关排污许可证申请的技术规范要求开展排污许可证的申请工作。在领取排污许可证后，还需及时进行取证后的管理申报，主要工作内容有：按照排污许可证副本规定的要求在系统填报、提交年度执行报告；按照排污许可证副本记载的频次开展自行监测，并在系统上传监测方案，录入监测结果；按照国家排污许可证副本要求做好生产台账、污染治理设施运行台账等，并在系统上传；存在改扩建、新建及其他排污许可证管理办法载明属于变更情形的，应及时办理变更手续。同时，对于整改项应在核发部门规定的时限内完成整改。

在申领排污许可证过程中，汽车维修企业可依据相关的技术规范要求完善企业的环境管理，建立环境管理队伍，提高环境管理效能。

截至 2020 年 1 月 17 日，全国排污许可证信息公开的汽车维修企业有 165 家。不同地区排污许可证的要求有所差异，如：北京市主要针对锅炉提出排污许可要求；河北、江苏等地针对挥发性有机物提出排污许可要求。汽车维修企业排污许可证发放情况如图 7-1 所示。

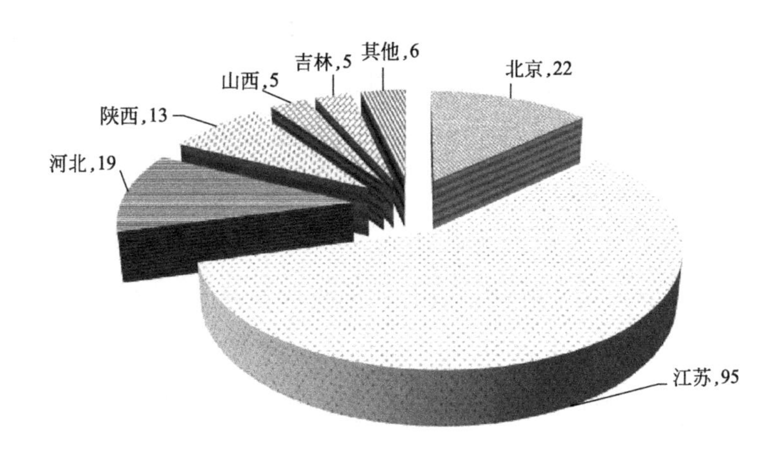

图 7-1　汽车维修企业排污许可证发放情况（截至 2020 年 1 月 17 日）（单位：个）

7.4.4　推行清洁生产制度

7.4.4.1　完善清洁生产制度

引导企业强化环境责任，选取汽车维修业典型单位，试点建立内部清洁生产组织机构，建立清洁生产责任制度。将清洁生产目标纳入单位发展规划，组织开展清洁生产。引导企业在经营过程中，加强对汽车消费者、上游供货商等行为主体共同参与清洁生产、绿色消费的活动，做到从采购、物流、服务等全过程的污染综合防控。支持总部型企业制定统一的企业清洁生产管理制度，自上而下统筹推进清洁生产。支持汽车维修业龙头型企业把清洁生产理念延伸到供应链的相关企业，共同实施清洁生产，打造绿色产业链。

7.4.4.2 依法开展清洁生产审核

清洁生产是一套致力于可持续发展的方法，主要关注原辅料使用和替代、加强过程控制、技术工艺优化、设备维护和更新、产品、废物产生和循环利用、员工、管理八个方面，从源头减少污染物的产生，并加强过程控制和强化末端控制来减少污染物的产生和排放。

根据《中华人民共和国清洁生产促进法》第二十七条：企业应当对生产和服务过程中的资源消耗以及废物的产生情况进行监测，并根据需要对生产和服务实施清洁生产审核。有下列情形之一的企业，应当实施强制性清洁生产审核：

① 污染物排放超过国家或者地方规定的排放标准，或者虽未超过国家或者地方规定的排放标准，但超过重点污染物排放总量控制指标的；

② 超过单位产品能源消耗限额标准构成高耗能的；

③ 使用有毒、有害原料进行生产或者在生产中排放有毒、有害物质的。

由于汽车维修行业涉及油漆、稀释剂、固化剂、除油剂等物料的使用，同时会产生挥发性有机物，这些都属于有毒有害物质，因此依据《中华人民共和国清洁生产促进法》，汽车维修企业应开展清洁生产审核工作。

《中华人民共和国清洁生产促进法》第三十九条：不实施强制性清洁生产审核或者在清洁生产审核中弄虚作假的，或者实施强制性清洁生产审核的企业不报告或者不如实报告审核结果的，由县级以上地方人民政府负责清洁生产综合协调的部门、环境保护部门按照职责分工责令限期改正；拒不改正的，处以五万元以上五十万元以下的罚款。

以《北京市清洁生产管理办法》（京发改规〔2013〕6 号）为例，北京市对清洁生产审核实行名单管理制度，纳入审核名单的实施单位应按要求组织清洁生产审核。其中：强制性审核实施单位在名单公布之日起 2 个月内向相关部门提交审核计划，1 年内向相关部门提交清洁生产审核报告，同时向社会媒体公布清洁生产目标、改进措施、实施周期等审核结果，接受公众监督，涉及商业秘密的除外。

因此，汽车维修企业应积极开展清洁生产审核工作。实践表明，通过开展清洁生产审核，企业能取得一定的经济效益、环境效益和社会效益。以某汽车维修企业为例，清洁生产共产生 16 项清洁生产方案：无/低费方案 13 项、中/高费方案 3 项。所有清洁生产方案实施完成后，节约用纸量 50 箱/a，节约新鲜水量 700t/a，节约用电量 0.8 万 kWh/a，VOCs 减排量为 5020kg/a。

7.4.4.3 完善清洁生产审核方法学

研究完善汽车维修业清洁生产审核方法学。以现有清洁生产审核的方法学为基础，研究完善针对清洁生产审核重点的综合性、系统性方法学。

目前汽车维修行业开展的清洁生产审核，主要还是遵循工业企业的审核思路，应结合汽车维修行业的特点，探索适合汽车维修行业的清洁生产审核方法，如工业企业审核要求中要求的电平衡在汽车维修企业开展的意义并不大。另外，汽车维修企业以提供优质服务为最终目的，因此，如何在公用工程的节能、节水、节材与提供服务之间寻求平衡点，也是汽车维修企业开展清洁生产工作需要关注的一个方面。

同时，为减少污染物产生、提高清洁生产审核的效率，建议汽车维修行业实施快速清洁生产审核，具体做法是：在企业基本信息梳理的基础上，进行快速审核。依据现行相关法规、标准以及技术文件等相关要求，对企业环保法规执行、能源资源投入、设备设施、水污染物防治、大气污染物防治、危险废物污染防治、环境绩效等情况的合规性进行判断。对企业清洁生产技术使用情况进行梳理，对未采用的清洁生产技术制定实施计划，或者分析不适用的原因。根据证明材料和现场勘察情况对各项内容的符合性进行评价。重点对企业的合规性、清洁生产潜力进行分析。分类逐条汇总快速审核阶段发现的不合规情况，并结合企业实际情况，提出针对性改进建议。

结合汽车维修行业的产排污特点，制定汽车维修行业清洁生产审核指南，可以从生产工艺及装备、资源能源消耗、污染物产生与排放和环境管理等方面进行设计。汽车维修主要涉及的工序有：机电维修、钣金维修、喷烤漆维修、总成等，因此生产工艺及装备可从上述工序进行考虑。汽车维修主要涉及的原辅料为油漆、稀释剂、固化剂等，因此资源能源消耗除了洗车用水和单车综合能耗外，还需考虑水性漆等的使用情况。污染物产生与排放情况主要从废水、废气、危险废物、噪声等几方面进行考虑。环境管理主要从节能、节材、节水管理，固体废物管理，相关方环境管理，绿色宣传等几方面进行考虑。清洁生产评价指标体系中分为国际先进水平、国内先进水平和国内一般水平，汽车维修企业通过对标分析可以快速找到与先进水平的差距，进行原因分析并实施相关的改善项目。结合实施的快速清洁生产审核，可以科学、高效实现汽车维修企业的节能、降耗、减污、增效。

7.4.4.4 完善清洁生产管理方法学

研究完善汽车维修业清洁生产管理方法学。完善汽车维修业清洁生产审核单位名单制度，考虑以综合能耗、资源消耗量、污染物排放量等为依据，筛选需要开展清洁生产审核的汽车维修企业，综合考虑资源能源消耗、环境污染、产业结构调整等因素，定期公布强制性清洁生产审核单位名单，并在名单中规定开展审核工作的时限，督促企业尽快开展清洁生产审核工作。

7.4.5 探索“绿色汽修”制度

2011 年，江苏省交通运输厅印发了《关于开展“绿色汽车维修”创建工作的意见》，决定率先在全省机动车维修行业开展以倡导节约资源、保护环境为主题的“绿色汽修”创建工作，将节能减排、节约增效的理念和要求融入到维修生产主要环节之中，在汽车维修行业倡导“科学修车，能修则修”的节能维修理念，做好维修产生的废弃物回收利用，切实解决机动车维修行业存在的资源浪费和环境污染问题。同时当年在全省要培育“绿色汽修”创建试点示范企业 30 家。这属于全国首推“绿色汽修”创建工作。

在江苏省的《关于开展“绿色汽修”创建工作的意见》中同时提出《“绿色汽修”指导书》，主要内容包括认识、实施和考核三篇，旨在从提高认识、科学操作和严格考核三个方面指导江苏“绿色汽修”创建工作，主要从管理要求、维修作业和废物处理三个方面具体指导汽车维修行业开展环境保护和节能增效工作。“绿色汽修”的具体技术包括绿色机电维修技术、绿色钣金技术、绿色涂漆技术、绿色总成修复技术和其他绿色维修技术。

自 2011 年后，“绿色汽修”在江苏省内各市县大力推进，不少企业成为“绿色汽修”试点单位，有效提升各汽车维修企业的环境管理形象。近几年，“绿色汽修”也在全国其他地方开展，如 2015 年全国首条“绿色汽修”一条街在大连市中南路挂牌，标志着大连市从单一汽车维修企业的环保治理向区域治理转变，是汽车维修企业微环境治理向区域环境综合治理转变的有益探索。

建议可从以下几方面推进“绿色汽修”的创建工作。

（1）提高对创建“绿色汽修”的认识

汽车维修过程会产生大量的废水、废气和危险废物。由于汽车维修行业与日常生活密切关联，汽车维修企业分布广、数量多，且环保意识相对薄弱，因此，在汽车维修行业推进“绿色汽修”势在必行。汽车维修管理部门和从业人员需提高对“绿色汽修”的认识，在全行业树立“绿色汽修”理念，提高环境保护意识。

（2）开展“绿色汽修”的理念创新

“绿色汽修”的理念应落实到企业尤其是新建企业的全生命周期过程中，新建企业从筹建过程就要开始绿色设计，包括原辅材料、维修工艺、维修设备设施、与之配套的污染治理设施等，都要从环境保护的角度进行设计，减少后期不必要的绿色化改造。同时注重绿色供应链，采购使用环保型原辅材料，从源头减少污染物的产生和排放。不仅要创建“绿色汽修企业”，还要创建“绿色汽修园区”，这样更利于区域环境的综合治理。

(3) 开展“绿色汽修”的技术创新

这主要体现在维修作业的各个环节中。首先与车主一起制定科学的维修方案，提高零部件的使用效率，减少不必要的浪费。其次，在机修、钣金、喷烤漆、洗车等过程中要选择环保的技术工艺和设备设施，提高维修人员技能，如在喷漆过程中通过使用高效率喷枪和精湛的手法提高喷涂效率，既可提高漆料的使用效率，又可减少 VOCs 和危险废物的产生。最后，要对维修过程中的废水、废气和危险废物规范处置。汽车维修行业危险废物种类多，应结合国家的危险废物名录全面识别，在贮存、转移等过程中规范化操作，将环境风险降到最低。推进汽车维修企业绿色化改造，加快节水、节能、减排先进技术的产业化应用。

(4) 加大宣传和培训

汽车维修管理部门和企业要高度重视“绿色汽修”的宣传工作，利用广播、电视、网络等媒体，广泛宣传“绿色汽修”的意义和作用。同时也要向广大的车主进行广泛宣传，引导车辆使用者合理降低油耗、减少污染物排放。汽车维修管理部门和企业要组织从业人员开展“绿色汽修”的知识培训，提高对“绿色汽修”的认识，提高“绿色汽修”的技术服务水平，践行“绿色汽修”的理念。

(5) 探索推进“绿色汽修”的途径、举措，构建促进绿色制造体制机制

可借鉴江苏省“绿色汽修”创建的做法，按照示范推广、分步实施、逐步深化的总体思路，创建工作总体分为试点示范、扩大创建范围和全面推进三个阶段。最终全面引导汽车维修企业树立科学修车的理念，维修从业人员环境保护、节能增效的意识普遍增强；引导企业制定落实环境保护和资源节约的规章制度，“绿色汽修”生产管理机制行之有效；引导企业积极使用新设备、新工艺、新材料，加大技术创新力度，形成一套维修废弃物和有害排放物少、资源利用效率高的工艺规范，使行业资源集约化利用和环境保护水平得到全面提升。

7.4.6 完善环境管理体系

目前汽车维修企业的环境管理意识还相对薄弱，很多企业未建立环境管理体系，环境管理制度欠缺，没有专业的环境管理队伍。建议企业建立环境管理体系，并开展 ISO 14001 的环境管理体系认证。取得 ISO 14001 环境管理体系认证有诸多益处：ISO 14001 认证可以帮助企业树立形象，提高知名度；可以增强全体企业员工的环境保护意识；可以提升企业的综合管理水平；减少企业的环境风险，促进企业的健康可持续发展。

很多汽车维修企业由于环境管理认识不足，目前环境管理工作由其他部门人员兼职，导致环境管理工作成为一项边缘化的工作，不少企业由于重视程度不够，出现这样或那样的环境问题。建议建立一支专业的环境管理队伍或委托第三方专业机构，加强对企业废水、废气、固废和噪声的管理，提升企业的环境管理水平。

同时及时跟踪国家和地方对汽车维修行业的环境管理政策、标准、技术要求等，变被动为主动，主动应对国家和地方的环境管理要求，提升企业的环境管理效能。

7.5 搭建市场服务体系

7.5.1 建立信息服务系统

建设覆盖汽车维修业的清洁生产信息服务系统，向社会提供有关清洁生产方法和技术、可再生利用的废物供求以及清洁生产政策等方面的信息和服务。一是信息资讯与交流平台网络，宣传和推广清洁生产企业和成熟的清洁生产技术，连接企业和技术市场。二是建立政府清洁生产项目在线申报网络，实施清洁生产审核及项目网上申报。三是建立清洁生产技术服务单位与专家数据库、清洁生产项目库、清洁生产审核单位数据库，实现清洁生产工作的信息化和系统化。

2019 年 4 月，四川省交通运输厅道路运输管理局印发了《2019 年四川省汽车维修企业污染防治工作方案》，工作目标是：到 2019 年底，全省全面实施 I/M 制度，建立机动车排放维修站（M 站）名录，实现机动车排放维修站（M 站）和机动车排放检测站（I 站）之间的信息共享和数据交互。

7.5.2 培育咨询服务市场

鼓励发展环保管家、清洁生产审核及相关的能源审计、合同能源管理、节能监测等节能环保技术服务业，支持技术服务机构提升咨询业务能力。

地方可实行咨询服务机构资质分类管理。参照环境影响评价资质管理，实行咨询资质分类管理。咨询服务机构除了具备规定的专业技术人员数量和培训资质外，还要根据其所具备的行业技术人员情况，确认其所能够从事咨询服务的特定行业类型。同时可对咨询机构实施信用管理，建立“黑名单”制度，咨询业绩不理想的咨询机构退出市场，从而保障行业的咨询服务水平。

以环保管家服务为例，汽车维修行业相关工作设想如下：

环保管家服务最近几年应势而生。2014 年 12 月 27 日，国务院办公厅印发《关于推行环境污染第三方治理的意见》（国办发〔2014〕69 号），该意见提出：第三方治理是推进环保设施建设和运营专业化、产业化的重要途径，是促进环境服务业发展的有效措施。鼓励地方政府引入环境服务公司开展综合环境服务。在工业园区等工业集聚区，引入环境服务公司，对园区企业污染进行集中式、专业化治理，开展环境诊断、生态设计、清洁生产审核和技术改造等。

2016 年 4 月 14 日，环保部印发的《关于积极发挥环境保护作用促进供给侧结构性改革的指导意见》（环大气〔2016〕45 号）指出：鼓励发展环境服务业。坚持污染者付费、损害者担责的原则，不断完善环境治理社会化、专业化服务管理制度。建立健全第三方运营服务标准、管理规范、绩效评估和激励机制，鼓励工业污染源治理第三方运营。推进环境咨询服务业发展，鼓励有条件的工业园区聘请第三方专业环保服务公司作为“环保管家”，向园区提供监测、监理、环保设施建设运营、污染治理等一体化环保服务和解决方案。开展环境监测服务社会化试点，大力推进环境监测服务主体多元化和服务方式多样化。由此，“环保管家”这个新型概念第一次被正式提出。

2017 年 8 月 9 日，环境保护部印发了《关于推进环境污染第三方治理的实施意见》（环规财函〔2017〕172 号），该意见指出：“鼓励第三方治理单位提供包括环境污染问题诊断、污染治理方案编制、污染物排放监测、环境污染治理设施建设、运营及维护等活动在内的环境综合服务”，环保管家已成为一种全新的环境综合服务模式。

该意见还明确了第三方治理责任：排污单位承担污染治理的主体责任，可依法委托第三方开展治理服务，依据与第三方治理单位签订的环境服务合同履行相应责任和义务。第三方治理单位应按有关法律法规和标准及合同要求，承担相应的法律责任和合同约定的责任。第三方治理单位在有关环境服务活动中弄虚作假，对造成的环境污染和生态破坏负有责任的，除依照有关法律法规规定予以处罚外，还应当与造成环境污染和生态破坏的其他责任者承担连带责任。在环境污染治理公共设施和工业园区污染治理领域，政府作为第三方治理委托方时，因排污单位违反相关法律或合同规定导致环境污染，政府可依据相关法律或合同规定向排污单位追责。

“环保管家”即第三方环境保护服务企业，可根据污染源企业实际情况，开展企业污染诊断、环保合规性管理咨询、清洁生产审核、环境影响评价、环保技术咨询、环保设施建设运营、环境监理、固废处置、环境检测等各项工作，提供高效化、精细化和专业化全链式服务，保障污染源企业能够满足国家和地方最新环保法规及政策的要求。简单说就是企业付费买服务，治污交给专业“管家”，专业的人干专业的事，而企业可从不擅长的环保事务里脱身，可以专心生产。

因此，对汽车维修行业也可开展环保管家服务，提升环境管理水平，解决实际需求。环保管家的服务对象包括：政府、工业园区和企业，下文以企业为例阐述环保管家服务内容。

（1）政策、法规、标准等的培训

① 环境管理相关政策、法规、标准培训；

② 污染治理方面技术和政策文件培训；

③ 清洁生产培训等。

汽车维修企业从业人员相对环保意识较弱，因此，可提供政策、法规、标准等方面的培训；同时结合行业内成熟、先进的污染治理技术进行培训。

（2）全方位的环保核查和技术诊断服务

① 环评及三同时验收的符合性排查；

② 产业政策符合性排查；

③ 废水废气的达标分析；

④ 固体废物贮存、处置规范性排查；

⑤ 环境风险排查；

⑥ 排污许可执行情况排查；

⑦ 专项督查要求预查等。

深入汽车维修企业现场查看并结合一定的文件审核，对企业进行全方位的环保核查和技术诊断。

（3）环境管理服务

① 帮助企业建立健全环保管理制度；

② 协助企业完成各类环保档案资料的整理、归档、更新和管理工作等。

尤其是排污许可制实施后，企业的台账管理至关重要，台账将作为企业自证守法的重要支撑材料，因此，可协助企业规范台账的记录和管理。

(4) 排污许可相关服务

① 协助企业办理排污许可证申请、变更、延续等业务；

② 按照技术规范和相关行业标准，规范填报申请排污许可证相关信息和内容；

③ 协助企业建立污染源监测数据记录、污染治理设施运行管理台账；

④ 根据企业实际运行和环评审批情况，为企业制定废气、废水和固体废物等污染物的实际污染物核算技术方案；

⑤ 为企业制定符合规范要求的自行监测方案，并协助企业联系检测机构设置监测点位、确定监测指标及频次、现场取样和数据整理分析等工作；

⑥ 编制排污许可证执行报告：年度报告、季度报告及月度报告等；

⑦ 协助企业对现有问题进行整改，以满足排污许可证现场核查要求等。

排污许可制作为目前最基础也是最核心的环境管理制度，排污许可相关工作的重要性不言而喻。

(5) 环境会计服务

① 针对环境税核算应税污染当量及应纳税总额；

② 协助企业从源头削减、过程控制、末端治理措施提升等方面着力，为企业设计税额减免方案，并给出技术改造及减税方案比选分析等。

(6) 环境咨询相关服务

① 建设项目环境影响评价；

② 竣工环境保护验收监测/调查报告；

③ 变更环评、环境影响后评价；

④ 清洁生产审核；

⑤ 突发环境事件应急预案编制；

⑥ 绿色工厂建设和评价；

⑦ 节能、节水及污染治理技术和设备咨询服务；

⑧ 企业环保品牌建设等。

(7) 环保规划

① 指导帮助企业筛选编制环保标准化建设规划单位，协助企业收集完成编制环保

标准化建设规划资料和数据采集，审核规划编制合同等前期准备工作；

② 协助完成规划编制工作，组织专家对企业环保标准化建设规划进行评审；

③ 指导、帮助、协同企业环保标准化建设规划的实施。

(8) 环境监测

① 协助企业完成自行监测方案编制；

② 负责审核环保检测合同等前期准备工作；

③ 指导、帮助、协助企业环保检测的实施，依据检测报告进行达标分析判断；

④ 协助企业掌握和了解在线监控运行情况；

⑤ 为企业提供环境检测服务。

(9) 设施运行

① 指导、帮助、协助企业筛选环境污染治理设施（设备技术）建设（供货）单位，协助企业收集完成编制环境污染治理设施（设备技术）可行性方案资料和数据采集，协调做好项目建设（改扩建）前期准备工作；

② 协助企业建立、完善污染治理设施运行管理制度；

③ 指导、帮助、协助企业依据企业污染治理设施运行管理制度（运行维护手册）实施监管和日常巡视检查；

④ 及时发现并报告环境污染处理设施运行故障及存在问题，协助企业做好设施维护保养工作。

(10) 环保专项资金申报

① 指导、协助企业完成环保专项资金申报材料和各项准备工作；

② 协助企业完成环保专项资金申报资格审核和申请工作；

③ 协助企业完成环保专项资金项目验收工作。

(11) 供应商环境管理

① 对供应商开展环保核查服务；

② 协助企业建立绿色供应链等。

环保管家服务的内涵还可进一步拓展，与环境管理相关的事项都可延伸，如在汽车维修行业对于大宗购买客户的金融贷款服务，可从企业客户的环境管理水平判断客户的资信，这时就可以邀请专业的环保管家团队进行评价。

7.6 完善政策保障体系

7.6.1 强化环境准入

综合考虑污染物排放标准、清洁生产评价指标体系、取水定额、能耗限额等标准要求，建立完善汽车维修行业环境准入制度。在汽车维修项目审批和建设阶段，强调绿色设计，采用绿色原料和绿色工艺，从源头降低资源能源消耗和污染物排放。在运营阶段，根据相关行业准入制度的要求，针对资源能源消耗、污染物排放等问题开展专项检查工作，对不符合要求的项目进行限期治理或淘汰。

7.6.2 加强资金支持

(1) 支持汽车维修企业开展清洁生产审核和实施清洁生产方案

以北京市为例，对通过清洁生产审核评估的单位，享受审核费用补助。对实际发生金额10万元以下的审核费用给予全额补助，实际发生金额超过10万元以上的部分给予50%补助，最高审核费用补助额度不超过15万元。《北京市清洁生产管理办法》中提出，对清洁生产实施单位在审核中提出的中高费项目给予一定资金支持。根据实施单位全部清洁生产项目的综合投入、进度计划、进展情况及预期成效等方面，确定补助项目及补助资金。单个项目补助标准原则上不得超过项目总投资额的30%，总投资额大于3000万元（含）的中高费项目原则上应纳入政府固定资产投资计划；单个项目补助金额最高不超过2000万元。中高费项目补助资金分批拨付，清洁生产绩效验收前拨付70%补助资金，剩余资金在实施单位通过清洁生产绩效验收后拨付。通过对清洁生产审核费用和清洁生产方案费用的补助，鼓励企业实施清洁生产，提升清洁生产水平。

(2) 支持汽车维修园区、企业分别创建“绿色汽修园区”、“绿色汽修企业”和在行业创建绿色产品和绿色供应链

目前在工业行业全国不少省市对获评国家级、省级的绿色园区、绿色工厂、绿色产品、绿色供应链都有一定数量的资金奖励。如河南省对创建成为国家级绿色工厂、绿色示范园区的，省财政一次性给予200万元奖励；安徽省对获得国家级绿色工厂、绿色产品的分别给予一次性奖补100万元、50万元，对获得省级绿色工厂的企业给予一次性奖补50万元；江苏苏州市对获得国家级绿色工厂、绿色产品、绿色供应链认证的企业分别给予30万元、15万元、15万元的奖励，对获得省级绿色工厂、绿色产品、绿色供应链认证的企业分别给予15万元、10万元、10万元的奖励，同一企业认证升格给予差额部分奖励；广西桂林市对首次获得国家级绿色园区的奖励100万元、绿色工厂奖励50万元、绿色产品或绿色供应链奖励30万元，首次获得自治区级绿色园区的奖励50万元、绿色工厂奖励30万元、绿色产品或绿色供应链奖励10万元。国家和地方也可探索对“绿色汽修”创建工作给予一定的资金支持，提升创建工作的积极性。

7.6.3 开展表彰奖励

（1）建立清洁生产表彰奖励制度，对在清洁生产工作中做出显著成绩的单位和个人给予表彰和奖励

各级政府、汽车维修行业协会、实施单位应当根据实际情况建立相应清洁生产表彰奖励制度，对表现突出的人员，给予一定的奖励。汽车维修行业主管部门优先推荐通过清洁生产绩效验收的实施单位，参加国家和地方组织的先进单位评比、试点示范单位创建活动。鼓励财政部门对通过清洁生产绩效验收的实施单位给予资金奖励。

（2）建立“绿色汽修”表彰奖励制度，对在创建工作中做出显著成绩的单位和个人给予表彰和奖励

各级政府、汽车维修行业协会、实施单位应当根据实际情况建立相应“绿色汽修”表彰奖励制度，对表现突出的人员，给予一定的奖励。鼓励财政部门对获得“绿色汽修”的实施单位给予资金奖励。

7.6.4 实施税收优惠

税收作为一种重要的经济手段，对清洁生产、“绿色汽修”等的推行具有重要的引导与刺激作用。因此，改革资源税与消费税，如扩大资源税的征税范围，对以难降解、有污染效应的物质为原料，仍沿用落后技术和工艺进行生产的可能导致环境污染的产品，以及一次性使用的产品要征收资源税和消费税。完善汽车维修行业环境税，环境税并不是简单地增加企业的税负，而是在总税负基本不变的情况下，调整税收结构，通过税收对企业的环境绩效进行评判，奖优罚劣。具体来说，环境税应充分体现污染者付费、多污染多付费的原则，通过“绿色税收改革”，促进清洁生产的推广。

探索在汽车维修业推行环保“领跑者”制度。如符合“领跑者”要求的单位，实行环保税收优惠政策。

7.6.5 加强信息公开

做好汽车维修行业的环境保护信息公开。环境保护信息公开一是回应社会公众关心环境保护，满足社会公众获取环境信息的权利；二是会使企业感受到前所未有的压力，倒逼企业增强环境保护的责任感和紧迫感。如清洁生产管理部门定期发布开展清洁生产审核、通过清洁生产审核评估和通过绩效验收的单位名单。实施强制性清洁生产审核的单位应当按规定进行信息公开，将审核结果在本区（县）主要媒体上公布，接受公众监督，涉及商业秘密的除外。

2018年1月生态环境部发布的《排污许可管理办法（试行）》第二十五条：实行重点管理的排污单位在提交排污许可申请材料前，应当将承诺书、基本信息以及拟申请的许可事项向社会公开。公开途径应当选择包括全国排污许可证管理信息平台等便于公众知晓的方式，公开时间不得少于五个工作日。

因此对于汽车维修行业的重点排污单位应依据《企业事业单位环境信息公开办法》（环境保护部令 第31号）做好信息公开，让公众知晓企业的环境管理状况，接受公众的监督，推动汽车维修企业提升环境保护水平。

7.7 构筑组织实施体系

7.7.1 健全政府机制引导

落实《中华人民共和国清洁生产促进法》相关要求，建立完善的由清洁生产综合协调部门牵头，汽车维修业主管部门参与的组织推进体系，健全汽车维修业清洁生产协调联动的工作机制，形成多部门统筹协调、齐抓共管的清洁生产促进合力。

（1）不断完善汽车维修行业主管部门的管理机制

汽车维修行业的管理涉及交通、工商、税务、城管等多个部门，由于缺乏有效的沟通和配合，而使各部门对汽车维修行业的监督管理力度大大削弱。因此，相关管理部门要加强与横向部门的配合，营造齐抓共管的声势，形成汽车维修行业管理的合力。

（2）发挥汽车维修协会的作用

汽车维修协会是汽车维修企业及相关行业自愿组成的群众性组织，是管理部门与企业间相互沟通的桥梁和纽带。既要发挥汽车维修行业协会政府的助手和参谋的作用，还要为企业排忧解难，跟踪国内外汽车维修先进技术。

7.7.2 加强组织推进实施

发挥汽车维修业协会、社会团体的作用，鼓励汽车维修业成立行业清洁生产中心或技术联盟，指导汽车维修企业推行清洁生产，加强清洁生产技术装备研发和应用推广，提高行业内部自主清洁生产审核和实施能力。建立汽车维修企业、零部件再制造企业的产业链，拓宽废旧零部件高效回收利用渠道。

7.7.3 创建示范引导体系

(1) 创建汽车维修业清洁生产、“绿色汽修”等示范项目

支持有条件的汽车维修企业高标准实施一批从初始设计、建设、改造到运营全过程，以技术、管理和行为为一体的综合改造示范项目，为同行业深入开展清洁生产改造树立标杆。发布汽车维修业清洁生产典型项目案例，开展清洁生产交流和成果展示，推广成熟的清洁生产技术和解决方案。

(2) 创建汽车维修业清洁生产示范单位

围绕建立清洁生产管理体系、规范开展清洁生产审核、采用清洁生产先进技术、系统实施清洁生产方案等内容，培育一批高标准汽车维修业清洁生产的示范单位，树立典型，带动其他企业全面实施清洁生产。探索建立汽车维修业清洁生产行为诚信体系，引导相关单位自愿开展清洁生产。

(3) 创建“绿色汽修”示范单位

引导维修企业树立科学修车的理念，增强维修从业人员环境保护、节能增效的意识；引导企业制定落实环境保护和资源节约的规章制度；引导企业积极使用新设备、新工艺、新材料，加大技术创新力度，形成一套维修废弃物和有害排放物少、资源利用效率高的工艺规范。全面提升行业资源集约化利用和环境保护水平。

附　录

附录 1 环境保护法律法规标准汇编

附录 1.1 环境保护法律

（1）《中华人民共和国环境保护法》

（2）《中华人民共和国水污染防治法》

（3）《中华人民共和国大气污染防治法》

（4）《中华人民共和国固体废物污染环境防治法》

（5）《中华人民共和国土壤污染防治法》

（6）《中华人民共和国环境噪声污染防治法》

（7）《中华人民共和国海洋环境保护法》

（8）《中华人民共和国环境影响评价法》

（9）《中华人民共和国清洁生产促进法》

（10）《中华人民共和国水土保持法》

（11）《中华人民共和国节约能源法》

（12）《中华人民共和国可再生能源法》

（13）《中华人民共和国水法》

（14）《中华人民共和国循环经济促进法》

（15）《中华人民共和国环境保护税法》

附录 1.2 环境保护行政法规

（1）《建设项目环境保护管理条例》（中华人民共和国国务院令 第 682 号）

（2）《危险废物经营许可证管理办法（2016 修订）》（中华人民共和国国务院令 第 666 号）

（3）《消耗臭氧层物质管理条例》（中华人民共和国国务院令 第 573 号）

（4）《危险化学品安全管理条例（2013 修订）》（中华人民共和国国务院令 第 645 号）

（5）《国务院关于加强环境保护重点工作的意见》（国务院国发〔2011〕35 号）

附录 1.3 部门规章

（1）《排污许可管理办法（试行）》（环境保护部令 第 48 号）

（2）《环境保护档案管理办法》（环境保护部 国家档案局令 第43号）

（3）《危险废物转移联单管理办法》（国家环境保护总局令 第5号）

（4）《建设项目竣工环境保护验收管理办法》（国家环境保护总局令 第13号）

（5）《污染源自动监控管理办法》（国家环境保护总局令 第28号）

（6）《环境信息公开办法（试行）》（国家环境保护总局令 第35号）

（7）《建设项目环境影响评价文件分级审批规定》（环境保护部令 第5号）

（8）《环境行政处罚办法》（环境保护部令 第8号）

（9）《国家危险废物名录》（环境保护部令 第39号）

（10）《建设项目环境影响评价分类管理名录》（环境保护部令 第44号）

（11）《关于建设项目环境保护设施竣工验收监测管理有关问题的通知》及附件《建设项目环境保护设施竣工验收监测技术要求》（环发〔2000〕38号）

（12）《关于加强土壤污染防治工作的意见》（环发〔2008〕48号）

（13）《关于进一步加强重点企业清洁生产审核工作的通知》（环发〔2008〕60号）

（14）《环境保护部建设项目“三同时”监督检查和竣工环境保护验收管理规程（试行）》（环发〔2009〕150号）

（15）《关于深入推进重点企业清洁生产的通知》（环发〔2010〕54号）

（16）《环境影响评价公众参与办法》（生态环境部令 第4号）

（17）《国家发展改革委关于修改〈产业结构调整指导目录（2011年本）〉有关条款的决定》（国家发展和改革委员会令 第21号）

（18）《部分工业行业淘汰落后生产工艺装备和产品指导目录（2010年本）》（中华人民共和国工业和信息化部公告 工产业〔2010〕第122号）

（19）《职业健康检查管理办法》（国家卫生健康委员会令 第2号）

（20）《高耗能落后机电设备（产品）淘汰目录（第一批、第二批、第三批、第四批）》

（21）《交通运输部关于修改〈机动车维修管理规定〉的决定》（交通运输部令2019年第20号）等

附录1.4 环境保护地方性法规、地方性规章

（1）《北京市大气污染防治条例》（北京市人民代表大会公告 第3号）

（2）北京市人民政府关于印发《北京市打赢蓝天保卫战三年行动计划》的通知（京政发〔2018〕22号）

（3）《北京市污染防治攻坚战2019年行动计划》（京政办发〔2019〕5号）

（4）北京市环境保护局关于印发《挥发性有机物排污费征收细则》的通知（京环发〔2015〕33号）

（5）《北京市环境保护局关于规范贮存危险废物超过一年审批事项的通知》（京环发〔2016〕4号）

（6）北京市环境保护局关于印发《北京市“十三五”时期大气污染防治规划》的通知（京环发〔2017〕25号）

（7）《关于开展本市汽车维修行业专项整治工作的通知》（沪环保防〔2016〕139号）

（8）《上海市环境保护局关于开展汽车维修行业危险废物收集管理试点的通知》（沪环保防〔2017〕276号）

（9）《河北省人民政府关于印发河北省打赢蓝天保卫战三年行动方案的通知》（冀政发〔2018〕18号）

（10）关于印发《重庆市“十三五”挥发性有机物大气污染防治工作实施方案》的通知（渝环〔2017〕252号）

（11）《关于挥发性有机物排污收费等有关问题的通知》（鲁价费发〔2016〕47号）

（12）《广州市环境保护局 广州市交通委员会关于开展机动车维修行业挥发性有机物污染整治工作的通知（征求意见稿）》和《关于开展机动车维修行业挥发性有机物（VOCs）污染整治工作的通知》解读材料（广州市生态环境局）

（13）《关于印发南京市机动车维修行业挥发性有机物污染专项整治工作方案的通知》（宁环办〔2016〕97号）

（14）《福州市生态环境局关于深化福州重点区域汽车维修行业挥发性有机物污染整治工作的通知》（榕环保综〔2019〕71号）

（15）《关于开展对汽车销售和汽车维修服务行业进行专项整治的通知》（蚌工商质监消字〔2015〕27号）

（16）《关于印发宁波市汽车维修行业危险废物规范化整治工作方案的通知》（甬环发〔2016〕3号）

（17）《关于开展浦东新区机动车维修行业专项整治工作的通知》（浦东环保市容局）等

附录1.5　环境标准（以最新版为准）

（1）《环境空气质量标准》（GB 3095—2012）

(2)《地表水环境质量标准》(GB 3838—2002)

(3)《危险废物鉴别标准　通则》(GB 5085.7—2019)

(4)《污水综合排放标准》(GB 8978—1996)

(5)《工业企业厂界环境噪声排放标准》(GB 12348—2008)

(6)《建筑施工场界环境噪声排放标准》(GB 12523—2011)

(7)《锅炉大气污染物排放标准》(GB 13271—2014)

(8)《环境保护图形标志　排放口(源)》(GB 15562.1—1995)

(9)《环境保护图形标志　固体废物贮存(处置)场》(GB 15562.2—1995)

(10)《常用化学危险品贮存通则》(GB 15603—1995)

(11)《大气污染物综合排放标准》(GB 16297—1996)

(12)《危险化学品重大危险源辨识》(GB 18218—2018)

(13)《危险废物贮存污染控制标准》(GB 18597—2001)(2013年修订)

(14)《一般工业固体废物贮存、处置场污染控制标准》(GB 18599—2001)(2013年修订)

(15)《汽车维修业水污染物排放标准》(GB 26877—2001)

(16)《挥发性有机物无组织排放控制标准》(GB 37822—2019)

(17)《企业水平衡测试通则》(GB/T 12452—2008)

(18)《地下水质量标准》(GB/T 14848—2017)

(19)《用能单位能源计量器具配备和管理通则》(GB 17167—2006)

(20)《城市污水再生利用　城市杂用水水质》(GB/T 18920—2020)

(21)《城市污水再生利用　工业用水水质》(GB/T 19923—2005)

(22)《职业健康安全管理体系　要求及使用指南》(GB/T 45001—2020)

(23)《工作场所有害因素职业接触限值　第1部分:化学有害因素》(GBZ 2.1—2019)

(24)《建设项目环境影响评价技术导则　总纲》(HJ 2.1—2016)

(25)《环境影响评价技术导则　大气环境》(HJ 2.2—2018)

(26)《环境影响评价技术导则　地表水环境》(HJ 2.3—2018)

(27)《环境影响评价技术导则　声环境》(HJ 2.4—2009)

(28)《规划环境影响评价技术导则　总纲》(HJ 130—2019)

(29)《地下水环境监测技术规范》(HJ/T 164—2004)

(30)《土壤环境监测技术规范》(HJ/T 166—2004)

(31)《建设项目环境风险评价技术导则》(HJ 169—2018)

(32)《危险废物鉴别技术规范》(HJ 298—2019)

（33）《水污染源在线监测系统（COD_{Cr}、NH_3-N等）运行技术规范》（HJ 355—2019）

（34）《固定源废气监测技术规范》（HJ/T 397—2007）

（35）《排污单位编码规则》（HJ 608—2017）

（36）《环境影响评价技术导则　地下水环境》（HJ 610—2016）

（37）《企业环境报告书编制导则》（HJ 617—2011）

（38）《排污许可证申请与核发技术规范　总则》（HJ 942—2018）

（39）《排污单位环境管理台账及排污许可证执行报告技术规范　总则（试行）》（HJ 944—2018）

（40）《排污许可证申请与核发技术规范　锅炉》（HJ 953—2018）

（41）《蓄热燃烧法工业有机废气治理工程技术规范》（HJ 1093—2020）

（42）《危险废物收集、贮存、运输技术规范》（HJ 2025—2012）

（43）《吸附法工业有机废气治理工程技术规范》（HJ 2026—2013）

（44）《催化燃烧法工业有机废气治理工程技术规范》（HJ 2027—2013）等

附录 1.6　国家及行业相关标准（以最新版为准）

（1）《汽车维修业开业条件　第1部分：汽车整车维修企业》（GB/T 16739.1—2014）

（2）《汽车维修业开业条件　第2部分：汽车综合小修及专项维修业户》（GB/T 16739.2—2014）

（3）《汽车空调制冷剂回收、净化、加注工艺规范》（JT/T 774—2010）

（4）《机动车维修服务规范》（JT/T 816—2011）

（5）《汽车喷烤漆房能源消耗量限值及能源效率等级》（JT/T 938—2014）

附件 1.7　地方标准（以最新版为准）

（1）北京市地方标准

《公共生活取水定额　第7部分：洗车》（DB11/ 554.7—2012）

《汽车维修业大气污染物排放标准》（DB11/ 1228—2015）

《清洁生产评价指标体系　汽车维修及拆解业》（DB11/T 1265—2015）

《汽车维修业污染防治技术规范》（DB11/T 1426—2017）

（2）天津市地方标准

《机动车维修业开业条件》（DB12/T 688—2016）

《汽车维修钣喷中心通用条件》（DB12/T 820—2018）

（3）河北省地方标准

《汽车维修业污染控制技术规范》（DB13/T 2161—2014）

（4）重庆市地方标准

《汽车维修业大气污染物排放标准》（DB50/ 661—2016）

（5）陕西省地方标准

《汽车维修业污染防治技术规范》（DB61/T 1261—2019）

（6）江苏省地方标准

《机动车维修业节能环保技术规范》（DB32/T 2706—2014）

《机动车维修业开业条件　第1部分：汽车整车维修企业》（DB32/T 1692.1—2010）

（7）深圳经济特区标准

《汽车维修行业喷漆涂料及排放废气中挥发性有机化合物含量限值》（SZJG 50—2015）

（8）乌鲁木齐地方标准

《挥发性有机物排放限额　表面涂装（汽车维修业）》（DB6501/T 008—2019）

附录2 废气治理设施运行记录范例

附表2-1　废气治理设施运行记录范例

设备运行保养记录																																		
月份：		设备负责人：														喷漆房名称/位置：																		
项目	标准	1	2	3	4	5	6	7	8	9	10	11	12	13	14	15	16	17	18	19	20	21	22	23	24	25	26	27	28	29	30	31	签字
喷漆房内	无杂物、污渍																																
喷漆房外	外表无灰尘、污渍																																
底棉	3～5d更换																																
顶棉	800～1000h更换																																
管线	无泄漏、破损																																
通风口	喷漆量酌情更换																																
喷油嘴	每月更换																																
喷漆房通风	无水分积压																																
备注：																																		

附录 3
废气治理设施管理制度范例

×××汽车维修企业废气治理设施管理制度

1　目的

为进一步加强公司废气治理设备的设施运行和监督管理，充分发挥废气治理设施的运行效率，提高废气治理设施在保护和改善环境中的作用，确定设施的高效稳定运行，制定本制度。

2　适用范围

本制度适用于公司范围内所有废气治理设施的运行和监督管理。包括喷烤漆房废气治理设施、调漆间废气治理设施、打磨间废气治理设施、焊接烟尘收集净化设施、机修尾气废气收集治理设施等。

3　设施管理

3.1　公司设备部负责对投入运行的废气治理设施进行监督管理，检查其排污、运转情况，指导各使用车间解决设施管理中存在的问题。

3.2　废气治理设施的管理要纳入各车间的生产管理体系中，配备管理人员和操作人员，建立健全岗位的环保责任制、废气治理设施操作规程和各项治理设施的规章制度。对废气治理设施管理人员、操作人员定期进行培训和考核。

3.3　废气治理设施管理人员要做好本人负责设施的资料收集和管理工作，包括治理设施的环评、“三同时”资料，各项设施的技术资料、管理资料、技术改造资料、环境监测资料等，掌握废气治理设施的运行情况。

3.4　废气治理设施要健全检查、维修验收制度，保证废气治理设施运转达到考核指标，并确保备品备件的正常储备。

3.5　环保部负责联系监测机构定期对公司排放的废气进行监测，并负责对监测数据进行统计分析，发现异常，及时进行监督整改。

4　设施的使用和维护

4.1　各项废气治理设施要与生产设备同步运行、同步保养、同步维修。

4.2　严格执行公司环境保护管理制度，落实岗位责任制，建立本单位废气治理设施的运行台账，对各治理设施的运行、管理和维护情况进行记录。

4.3　废气治理设施因发生故障不能运行的，应及时向设备部和相关领导汇报，说明故障原因、抢救措施、修复日期等，由设备部审核和批准停用。

5　附则

5.1　本制度由公司设备部负责解释。

5.2　本制度自下发之日起执行。

附录4
环境管理制度范例

×××汽车维修企业环境保护管理制度

第一章　总则

第一条　根据《中华人民共和国环境保护法》，为认真贯彻执行“全面规划，合理布局，综合利用，化害为利，依靠群众，大家动手，保护环境，造福人民”的环境方针，做好本单位的环境保护工作，特制定本管理制度。

第二条　本公司环境保护管理主要任务是：宣传和执行环境保护法律法规及有关规定，充分、合理地利用各种资源、能源，控制和消除污染，促进本公司生产发展，创造良好的工作生活环境，使公司的经济活动尽量减少对周围生态环境的污染。

第三条　保护环境人人有责。公司员工、领导都要认真、自觉学习，遵守环境保护法律法规及有关规定，正确看待和处理生产与环境保护之间的关系，坚持预防为主，防治结合的方针，做到清洁生产、循环利用，从源头上消灭污染物。

第二章　适用范围

第四条　本制度适用于×××公司所有员工。

第三章　组织机构

第五条　本公司环境保护管理第一责任人为总经理，由总经理负责环境保护的全面管理工作。总经理应认真遵守国家环保法律法规和方针、政策，加强环境保护和污染防治工作，把环境保护工作纳入到公司日常管理和重要议事日程中，不定期召开公司级会议，解决有关环境保护的重大问题，并对本制度的贯彻落实负领导责任。

第六条　本公司环境保护管理部门为行政部，由行政部负责本公司环境保护的日常管理工作，并对总经理汇报工作，对总经理负责。

第七条　行政部应配备一名环保专职人员，负责本公司环境保护的管理工作，日常进行环保监督检查、检测工作，及时对各部门环保指标进行考核评价。

第四章　职责

第八条　公司应建立适应企业发展需要的、健全的环境保护管理体系和从事环境保护工作的专业队伍，建立健全环境保护制度。

第九条　公司行政部负责具体贯彻实施国家有关环保法律、法规和方针政策，对公司环境保护工作实施统一监督管理，对各排污环节进行考核，负责组织对污染事故的调查，并妥善处理好后续工作。

第十条　公司各部门在日常工作中，必须将环境保护放在重要位置，确保环保设施与生产设施同步运行，并对生产过程中的污染环境事件负责。

第十一条　工程管理部门在组织新、扩、改建项目论证审查时，要将环境保护列入重要内容，确保环保“三同时”，并采用先进适用的污染物治理、防护技术。

第十二条　设备管理部要将环保设施纳入生产设施的统一管理，确保环保设施正常运行，达到设计要求，并对环保设备的技术状况和正常运行负责。

第十三条　采购部要确保优先选用清洁、无害、无毒或低毒的原材料，以减少生产过程中的污染物产生。

第十四条　人力资源部要配合环保部门做好全公司的环保教育工作，年度培训计划中应包含至少一次的环保培训。工会在组织各项生产劳动竞赛中，要将环保考核指标纳入其中。

第五章　基本原则

第十五条　全体员工要重视防治“三废”污染，保护环境。要把环境保护工作作为生产管理的一个重要组成部分，纳入到日常生产中去，实现生产环保一起抓。

第十六条　环境保护工作关系到周边环境和每个职工的身体健康及企业生产发展，公司职工必须严格执行环境保护制度，任何违反本环保制度并造成影响的人员，将根据事故程度追究相关责任。

第十七条　公司下达的各项技术、经济考核指标，需把环保工作作为考核内容之一。

第六章　管理

第十八条　公司各部门要重视环境保护、节能减排方面知识的宣传教育，提高干部职工的环保意识和法制观念。行政部负责编制相关环保培训教材，定期安排对职工进行培训。

第十九条　公司要有计划地培养和引进环保专业人才。各部门在进行职工培训教育时，应把环境保护教育作为一项重要内容，不断提高职工环境保护的意识和环保专业技术水平。

第二十条　公司全体员工有保护环境的义务，并有权对污染、破坏环境的行为向公司领导或有关部门举报。

第二十一条　公司各生产工序应积极采用先进的技术装备，优先采用清洁生产工艺，努力实现废物综合利用。

第二十二条　公司每年应投入适当比例的资金用于污染治理和防治，持续改善厂区环境状况。

第二十三条　生产车间必须保证环保设施随生产同步运行，环保设施或设备进行检修时，须向设备管理部门、行政部门报告，经同意后，方可实施。

第二十四条　加强污水处理设施的管理，同时加强节水管理，避免出现浪费水资源等现象。

第二十五条　积极回收利用固体废物，禁止乱排乱堆现象，杜绝固体废弃物污染环境事故。

第二十六条　公司每年应委托第三方监测公司对厂区排放的废水、废气和噪声等污染物进行监测，并持续改进，加强对环境质量的监督管理。

第二十七条　公司环保人员要经常深入现场，对环保设施运转使用情况和污染防治情况进行检查、指导，并对职工提出的环境问题予以答复，对于存在的环保问题提出整改意见，限期治理。

第七章　环境保护内容与要求

第二十八条　大气污染防治

一、公司排放的大气污染物需严格执行大气污染物排放标准的有关规定，保证废气达标排放。

二、向大气排放污染物时，环保人员应按规定统计企业拥有的污染物排放设施、处理设施和正常作业条件下排放污染物的种类、数量、浓度。当有较大变化时，应及时更新。

三、车辆喷漆应在喷烤漆房内进行，废气处理设施同步运行，防止漆尘飞扬，污染环境。

四、检修空调机时，制冷剂不得随意排放到大气中，应使用冷媒回收装置回收利用。

五、维修车辆的废气排放应达到国家标准的规定，不得随意降低标准，不达到标准的不准出厂。

第二十九条　水污染防治

一、公司排放的水污染物需严格执行水污染物排放标准中的有关规定，保证废水达标排放。

二、合理安排生产，对产生废水污染的工艺、设备逐步进行调整和技术改造。采取综合防治措施，提高水资源的重复利用率，合理利用水资源，减少废水的排放量。

三、保证废水处理设施的正常运行，若出现异常，及时处理，并向上级有关部门进行报备。

第三十条　噪声污染防治

一、对可能产生较大噪声的设备进行专门隔声处理，所产生的噪声在环保部门规定的合格范围之内，并严格保证休息时间不作业。

二、对进场的各项机械设备进行合理的布局，并按保养规程加强对机械设备的润滑、紧固、调整待保养和维修工作，严格按照操作规程操作，以减轻噪声对周围环境的影响。

三、配备专门机修工，对各机械进行监管，维修工发现消声器损坏或运行过程中产生异常声响的设备应立即停机，查明原因，安排维修，排除故障后方可再次运行。

第三十一条　固体废物管理

一、固体废物：指在生产建设、日常生活和其他活动中产生的污染环境的固态、半固态废弃物质。生活垃圾：是指在日常生活中或者为日常生活服务的活动中产生的固体废物以及法律、行政法规规定视为生活垃圾的固体废物。危险废物：列入《国家危险废物名录》的具有危险特性的固体废弃物。

二、产生固体废物时应当采取措施，防止或者减少固体废物对环境的污染。收集、贮存、运输、利用、处置固体废物时，必须采取措施，防扬散、防流失、防渗漏；不得擅自倾倒、堆放、丢弃、遗撒固体废物。

三、应当根据公司的经济、技术条件对产生的固体废物积极回收利用。

四、需在指定地点倾倒垃圾，做到垃圾分类、及时清理，禁止随意扔撒或堆放各种垃圾。

五、危险废物与一般固体废物和可回收废物应分类存储，严禁混放混存。

六、液态或半液态危险废物（废油、废漆渣、废溶剂等）应分类、集中存放于专用包装容器内，并密封，防止在贮存、运输时遗撒、泄漏等污染。固体危险废物（如废电瓶、废活性炭、废油漆桶、废机油滤芯等）也应分类收集，集中存放，对于会挥发产生废气的危险废物，应存放于密闭容器中。盛装危险废物的包装容器不得超过最大容量的3/4。

七、危险废物收集人员每天从各危险废物产生地点将分类好的危险废物按照规定的要求送至危险废物贮存仓库内，危险废物存放点、危险废物的暂存处置要有相关标识及严密的封闭措施，防止非工作人员接触危险废物。

八、一旦发生危险废物流失、泄漏、火灾等意外事故，及时采取紧急措施，并立即启动应急方案，实施救援工作，同时上报相关负责人。

九、建立危险废物台账，内容包括转移日期、产生部门、危险废物种类、数量或重量、处置情况及相关人员签名，并保持记录备查。

十、危险废物必须交由具有资质的第三方机构进行无害化处理，公司行政部负责签订转移协议，并依照有关规定填写和保存危险废物转移联单。严禁有关人员私自转移、处理危险废物。

附录 5 环境保护检查清单

汽车维修企业常见环保问题如附表 5-1 所示。

附表 5-1 汽车维修企业常见环保问题汇总表

序号	类别	问题
1	资料文件（3 项）	缺少涂料的检测文件和 MSDS 文件
2		未统计化清器清洗剂、空调清洗剂、水箱清洗剂等原辅料的用量
3		未统计洗枪溶剂用量
4	管理制度（3 项）	危险废物管理计划中引用《国家危险废物名录》为旧版
5		缺少环境应急预案或演练记录
6		环境应急预案中“事件预防与预警”未将“环保设施不正常运行”纳入其中，应急预案中未设置联系电话，演练记录
7	废气（20 项）	机修车间化清剂废气无组织排放
8		二氧化碳保护焊焊接废气缺少焊烟收集净化装置
9		汽车尾气未收集
10		焊接废气未收集
11		打腻子区域隔断效果差
12		打磨工位未设置独立区域，废气收集效果较差
13		部分打磨、喷涂工序开放操作
14		部分调漆操作开放操作
15		水性漆调漆间未设置废气收集处理设施
16		调漆间废气排气筒未监测
17		调漆间废气排气筒高度不足 15m
18		底漆、中涂房采用隔断帘，废气收集效果较差
19		底漆、中涂房、调漆间废气排气筒未监测
20		喷烤漆房排气检测口位置不规范
21		烤漆房活性炭更换频次低，总用量偏低
22		洗枪车间排气筒未设置规范采样平台和采样口
23		洗枪车间活性炭过滤设备装载量不够，存在气流短路现象
24		洗枪机未投入使用
25		产生挥发性有机物的容器未及时加盖
26		天然气锅炉未委托第三方监测

续表

序号	类别	问题
27	危险废物（21项）	危险废物转移计划中危险废物种类不齐全
28		危险废物标识不规范（车间收集桶、危险废物贮存场所间等）
29		危险废物贮存场所选址不恰当
30		危险废物贮存场所空间偏小
31		危险废物贮存场所未设置导流槽，收集池
32		危险废物地面为水泥硬化＋铁板，防渗能力一般
33		危险废物贮存场所未设置HW49（废铅蓄电池、废尾气催化剂）暂存区域
34		危险废物暂存场所分区不规范
35		现场部分危险废物未放入专门的收集容器（配备专门容器、暂存区域）
36		现场部分危险废物和一般废物混合存放
37		机油使用1L小包装，造成空桶废物多
38		废稀料等含有挥发性有机物的危险废物存放容器未加盖
39		废活性炭包装密闭性差，存在废气释放问题
40		废顶棉、废底棉包装密闭性差，存在废气释放问题
41		缺少危险废物出入库记录
42		废滤芯存放容器未加盖
43		危险废物转移联单缺少HW06、HW12等类别
44		危险废物出入库记录中危险废物种类不全面或数据误差较大
45		铅蓄电池、三元催化剂用量和危险废物转移量相差较多（明确废铅蓄电池、废三元催化剂等废件带走的记录）
46		园区内不同企业未单独签订危险废物处置协议
47		应急物资不齐全
48	废水（5项）	废水监测报告中化学需氧量浓度接近排放标准，存在超标风险
49		未统计洗车水用量数据
50		废水监测中未测试石油类
51		废水排放口采样点设置不规范
52		采用湿法打磨，产生打磨废水

参考文献

[1] 凌飞. 现代汽车维修现状、技术设备与质量管理的研究[J]. 内燃机与配件,2019(19):180-181.

[2] 张丹阳,贾金京,万腾. 新环境下汽车维修的特点与技术应用[J/OL]. 农机使用与维修,2019(10).

[3] 孙艳,张二勇. 简议新能源汽车背景下汽车维修行业的应对策略[J]. 科学技术创新,2019(28):170-171.

[4] 林楚怡. 新能源汽车的故障问题与维修关键技术分析[J]. 内燃机与配件,2019(18):141-142.

[5] 阎柄辰. 分析我国汽车尾气污染状况及环保控制对策[J]. 资源节约与环保,2019(09):2-3.

[6] 顾平林,姜于亮. 汽车维修企业"三废"处理措施分析[J]. 南方农机,2019,50(18):200.

[7] 罗文政. 浅析电动汽车维修中的安全与风险策略[J]. 科技风,2019(26):179.

[8] 旷庆祥,朱双华. 基于福特车系的汽车故障维修案例分析[J]. 汽车实用技术,2019(17):223-224.

[9] 顾红力. 汽车电池维修人员如何预防铅、酸中毒[J]. 中外企业家,2019(25):123.

[10] 张宁. 江苏省汽车行业环境问题分析及对策建议[J]. 江苏科技信息,2019,36(21):14-16.

[11] 王柯菲. 锦州市机动车尾气污染治理的探究[J]. 环境保护与循环经济,2019,39(07):86-90.

[12] 朱明吉,孙静,郭志顺,等. 汽车涂装工艺全过程废气中挥发性有机物的测定分析方法研究[J]. 环境与发展,2019,31(06):167-172.

[13] 卢敏. 汽车发动机排放污染分析及对策[J]. 内燃机与配件,2019(11):44-45.

[14] 郭雷. 关于汽车修理中的绿色维修技术的探讨[J]. 农机使用与维修,2019(06):58.

[15] 刘元鹏,王平,张旸. 我国汽车维修标准体系建设与发展需求[J]. 汽车维护与修理,2019(11):11-14.

[16] 刘寅山. 汽车喷漆废气 VOCs 处理技术应用进展[J]. 资源节约与环保,2019(05):90.

[17] 谢金良,杨静. 大气环境治理视域下廊坊技术服务产业转型升级路径研究[J]. 营销界,2019(21):107-108.

[18] 周欣. 工业有机废气污染治理技术论述[J]. 工程建设与设计,2019(08):150-151.

[19] 高松. 汽车维修店有机废气的来源与治理的可行性方法[J]. 污染防治技术,2019,32(02):63-65.

[20] 徐元博,杨建锁,刘洪涛,等. 浓缩焚烧系统在汽车涂装车间 VOCs 废气处理中的应用[J]. 现代涂料与涂装,2019,22(04):48-51.

[21] 张新恒. 汽车涂装废气处理技术的应用分析[J]. 涂层与防护,2019,40(03):5-9.

[22] 黄桂清. 小型汽车喷漆废气 VOCs 处理技术探讨[J]. 环境与发展,201931(03):71-73.

[23] 苏辉山. 汽车维修技术的现状与发展[J]. 低碳世界,2019,9(03):318-319.

[24] 李春友. 汽车维修行业的发展现状及对策[J]. 住宅与房地产,2019(06):262.

[25] 潘建亮. 电动化和智能化下未来汽车维修业发展研究[J]. 汽车与配件,2019(03):48-49.

[26] 李恒,崔青松,司乐,等. 浅谈涂装车间废气处理设备选型[J]. 现代涂料与涂装,2019,22(01):38-40.

[27] 徐超,罗灯远. 涂装喷漆室有机废气 VOCs 治理技术研究[J]. 汽车实用技术,2019(01):165-167,188.

[28] 徐明. 汽车制造行业废气防治措施探讨[J]. 绿色科技,2018(24):94-95.

[29] 梁文俊,张依铭,任思达,等. 汽车维修行业喷漆废气处理工艺技术进展[J]. 四川环境,2018,37(06):177-182.

[30] 徐玮. 汽车 4S 店有机废气治理技术研究[J]. 南方农机,2018,49(20):195.

[31] 曹拯. 绿色维修技术在汽车修理中的应用分析[J]. 内燃机与配件,2018(18):135-136.

[32] 曹拯. 汽车绿色维修技术的现状及发展趋势[J]. 科学技术创新,2018(24):168-169.

[33] 梁健. 汽车维修业 VOCs 治理浅析及减排展望[A]//环境工程 2018 年全国学术年会论文集(上册).2018.

[34] 马聪,朱云波,王晋,等.绿色汽车维修企业评价指标体系研究[J]. 交通节能与环保,2018,14(04):9-12.

[35] 马战火. 汽车维修行业喷漆废气 VOCs 治理现状对比分析[J]. 绿色科技,2018(14):54-56.

[36] 于晖,赵挺,涂紫鹏,等. 一种新型的废气再循环系统[J]. 内燃机与配件,2018(13):120-121.

[37] 陈启洲. 浅析我国汽车维修行业现状及与改进[J]. 时代汽车,2018(07):171-172.

[38] 张振珠. 汽车维修业对环境污染的现状分析及建议[J]. 科学咨询(科技・管理),2018(07):48-49.

[39] 美国汽车后市场零配件供应链及对我国的启示[J]. 汽车维护与修理,2018(13):1-7.

[40] 康永. 汽车排放控制系统的检修[J]. 汽车维修,2018(07):17-21.

[41] 冀亚欣,刘玺. 汽车喷烤漆房环保问题深度探讨[J]. 汽车维修与保养,2018(06):32-38.

[42] 邵雅琪,赵辛. 我国汽车维修行业现状及发展趋势[J]. 知识经济,2018(12):66-68.

[43] 张宇,周亚斌. 废锂电池拆解废气治理技术分析[J]. 资源节约与环保,2018(05):43.

[44] 陆信光. 新能源汽车的故障问题分析与维修关键技术探讨[J]. 汽车与驾驶维修(维修版),2018(05):117.

[45] 吴洪涛. 机动车维修市场监管现状及应对策略[J]. 科技经济导刊,2018,26(04):186-185.

[46] 纪莲. 汽车绿色维修技术及节能减排效益评价[J]. 汽车与驾驶维修(维修版),2018(01):83.

[47] 姜岳平. 基于绿色维修的现代汽车维修策略[J]. 课程教育研究,2017(50):205.

[48] 陈勤城. 汽车修理存在的问题分析及措施研究[J]. 汽车与驾驶维修(维修版),2017(12):67.

[49] 沈国良. 浅析汽车维修行业监督管理对策[J]. 汽车维护与修理,2017(17):35-37.

[50] 高中伟.汽车维修业烤漆房废气排放在线监控技术的发展趋势[J].汽车维修与保养,2017(11):38.

[51] 张红卫,高攀. 汽车维修与汽车尾气污染的治理讨论[J]. 技术与市场,2017,24(08):350.

[52] 韦怡,周静.正确认识和理解《汽车维修业开业条件》中检测设备的配置要求和实际作用[J]. 汽车维护与修理,2017(09):80-84.

[53] 林亚萍. 论汽车修理中的绿色维修技术[J]. 科学技术创新,2017(19):54-55.

[54] 浅谈汽车修补涂料 VOCs 治理政策及技术[J]. 汽车维护与修理,2017(06):79-80.

[55] 覃少克. 南宁市汽车维修服务行业现状评价及发展对策研究[D]. 南宁:广西大学,2017.

[56] 白有俊,郑艳. 海口市汽车维修行业发展现状及对策[J]. 农村经济与科技,2017,28(10):133-134.

[57] 朱万容. 汽车维修 4S 店有机废气净化处理分析研究[J]. 资源节约与环保,2017(02):23-24.

[58] 韩江雪. 北京市汽车尾气污染防治政策研究[D]. 北京:华北电力大学,2016.

[59] 艾斯卡尔・库尔班. 汽车维修管理存在的问题及对策分析[A]//2016 年 1 月现代教育教学探索学术交流会论文集.2016.

[60] 佟澹洲. 新版《汽车维修业开业条件》对汽车维修连锁行业的影响[J]. 汽车维护与修理,2015(05):29-30.

[61] 李莹莹. 京津冀机动车污染物排放总量测算及减排防控策略研究[D]. 天津:天津理工大学,2015.

[62] 张琦. 北京市空气质量变动模式及影响因素分析[D]. 北京:首都经济贸易大学,2015.

[63] 陈世杰. 4S 店 VOCs 废气治理方式探讨[J]. 资源节约与环保,2015(5):128.

[64] 陈蓓蓓. 我国汽车修补漆现状及其发展趋势[J]. 上海涂料,2013(7):29-32.

[65] 徐蓓,张静. 江苏省汽车4S店危险废物产污系数探析[J]. 环境科技,2015,28(4):42-25.

[66] 王浩. 国内汽车零部件再制造市场发展分析与展望[J]. 汽车维护与修理,2019(12):3-7.

[67] 陈猛. 再制造技术在车辆维修中的应用探讨[J]. 汽车与驾驶维修(维修版),2018(08):81-82.